教育部"985工程"科技与社会（STS)哲学社会科学创新基地
国家重点学科"东北大学科学技术哲学研究中心"

中国技术哲学与STS论丛（第一辑）

Chinese Philosophy of Technology and STS Research Series

丛书主编 陈凡 罗玲玲

论网络技术的价值二重性

On Network Technology's Dual-character Value

毛牧然 陈凡 著

中国社会科学出版社

图书在版编目（CIP）数据

论网络技术的价值二重性／毛牧然，陈凡著. —北京：
中国社会科学出版社，2008.12

（中国技术哲学与STS研究论丛/陈凡，罗玲玲主编）

ISBN 978 - 7 - 5004 - 7421 - 0

Ⅰ. 论…　Ⅱ. ①毛…②陈…　Ⅲ. 计算机网络 - 技术
哲学 - 研究　Ⅳ. N02

中国版本图书馆 CIP 数据核字（2008）第 188309 号

策划编辑　　冯春风
责任编辑　　王　茜
责任校对　　周　昊
封面设计　　王　华
版式设计　　王炳图

出版发行　　中国社会科学出版社
社　　址　北京鼓楼西大街甲 158 号　　　　邮　编　100720
电　　话　010—84029450（邮购）
网　　址　http://www.csspw.cn
经　　销　新华书店
印　　刷　北京君升印刷有限公司　　　　　装　订　广增装订厂
版　　次　2008 年 12 月第 1 版　　　　　　印　次　2008 年 12 月第 1 次印刷
开　　本　710×980　1/16
印　　张　15.5　　　　　　　　　　　　　插　页　2
字　　数　225 千字
定　　价　32.00 元

教育部"985工程"科技与社会（STS）
哲学社会科学创新基地
东北大学科学技术哲学研究中心

总　序

　　哲学是人类的最高智慧，它历经沧桑岁月却依然万古长新，永葆其生命与价值。在当下，哲学更具有无可取代的地位。

　　技术是人利用自然最古老的方式，技术改变了自然的存在状态。当技术这种作用方式引起人与自然关系的嬗变程度，达到人们不能立即做出全面、正确的反应时，对技术的哲学思考就纳入了学术研究的领域。特别是一些新兴的技术新领域，如生态技术、信息技术、人工智能、多媒体、医疗技术、基因工程等的出现，技术的本质、技术作用自然的深刻性，都是传统技术所没有揭示的，技术带来的社会问题和伦理冲突，只有通过哲学的思考，才能让人类明白至善、至真、至美的理想如何统一。

　　现代西方技术哲学的历史可以追溯到一百多年以前的欧洲大陆（主要是德国和法国）。德国人 E. 卡普（Ernst Kapp）的《技术哲学纲要》（1877）和法国人 A. 埃斯比纳斯（Alfred Espinas）的《技术起源》（1897）是现代西方技术哲学生成的标志。国外的技术哲学研究经过一百多年的发展，如今正在由单一性向多元性方法论逐渐转变；正在寻求与传统哲学的结合，重新建构技术哲学动力的根基；正在进行工程主义与人文主义的整合，将工程传统中的专业性与技术的文化形式或文化惯例的考察相结合；正在着重于技术伦理、技术价值的研究，出现了一种应用于实践的倾向——即技术哲学的经验转向。

　　与技术哲学相关的另一个较为实证的研究领域就是科学技术与社会（Science Technology and Society）。随着技术科学化之后，技术给人类社会带来了根本性变化，以信息技术和生命科学等为先导的 20 世纪科技革命的迅猛发展，深刻地改变了人类的生产方式、管理方式、生活方式和思维方式。科学技术对社会的积极作用迅速显现。与此同时，科学技术对社会的负面影响也空前突出。鉴于科学对社会的影响价值也需要正确地加以评估，社会对科学技术的影响也成为认识科学技术的重要方面，促使 STS 这门研究科学、技术与社会相互关系的规律及其应用、并涉及多学科、多领域的综合性新兴学科逐渐蓬勃发展起来。

早在 20 世纪 60 年代，美国就兴起了以科学技术与社会（STS）之间的关系为对象的交叉学科研究运动。这一运动包括各种各样的研究方案和研究计划。20 世纪 80 年代末，在其他国家，特别是加拿大、英国、荷兰、德国和日本，这项研究运动也都以各种形式积极地开展着，获得了广泛的社会认可。90 年代以后，它又获得了蓬勃发展。目前 STS 研究的全球化，出现了多元化与整合化并存的特征。欧洲学者强调 STS 理论研究和欧洲特色（爱丁堡学派的技术的社会形成理论，欧洲科学技术研究协会）；美国 STS 的理论导向（学科派，高教会派）和实践导向（交叉学科派，低教会派）各自发展，侧重点不断变化；日本强调吸收世界各国的 STS 成果以及 STS 研究浓厚的技术色彩（日本 STS 网络，日本 STS 学会）；STS 研究的全球化和多元化，必然伴随着对 STS 的系统整合，在关注对科学技术与生态环境和人类可持续发展的关系的研究；关注技术，特别是高技术与经济社会的关系；关注对科学技术与人文（如价值观念、伦理道德、审美情感、心理活动、语言符号等）之间关系的研究都与技术哲学的研究热点不谋而合。

中国的技术哲学和 STS 研究虽然起步都较晚，但随着中国科学技术的快速发展，在经济上迅速崛起，学术氛围的宽容，不仅大量的实践问题涌现，促进了技术哲学和 STS 研究，也由于国力的增强，技术哲学和 STS 研究也得到了国家和社会各界的越来越多的支持。

东北大学科学技术哲学研究中心的前身是技术与社会研究所。早在 20 世纪 80 年代初，在陈昌曙教授和远德玉教授的倡导下，东北大学就将技术哲学和 STS 研究作为重要的研究方向。经过 20 多年的积累，形成了东北学派的研究特色。2004 年成为教育部"985 工程"科技与社会（STS）哲学社会科学创新基地，2007 年被批准为国家重点学科。东北大学的技术哲学和 STS 研究主要是以理论研究的突破创新体现水平，以应用研究的扎实有效体现特色。

　　《中国技术哲学与 STS 研究论丛》（以下简称《论丛》）是东北大学科学技术哲学研究中心和"科技与社会（STS）"哲学社会科学创新基地以及国内一些专家学者的最新研究专著的汇集，涉及科技哲学和 STS 等多学科领域，其宗旨和目的在于探求科学技术与社会之间的相互影响和相互作用的机制和规律，进一步繁荣中国的哲学社会科学。《论丛》由国内和校内资深的教授、学者共同参与，奉献长期研究所得，计划每期出版五本，以书会友，分享思想。

　　《论丛》的出版必将促进我国技术哲学和 STS 学术研究的繁荣。出版技术哲学和 STS 研究论丛，就是要汇聚国内外的有关思想理论观点，造成百花齐放、百家争鸣的学术氛围，扩大社会影响，提高国内的技术哲学和 STS 研究水平。总之，《论丛》将有力地促进中国技术哲学与 STS 研究的进一步深入发展。

　　《论丛》的出版必将为国内外技术哲学和 STS 学者提供一个交流平台。《论丛》在国内广泛地征集技术哲学和 STS 研究的最新成果，为感兴趣的国内外各界人士提供一个广泛的论坛平台，加强相互间的交流与合作，共同推进技术哲学和 STS 的理论研究与实践。

　　《论丛》的出版还必将对我国科教兴国战略、可持续发展战略和创新型国家建设战略的实施起着强有力的推动作用。能否正确地认识和处理科学、技术与社会及其之间的关系，是科教兴国战略、可持续发展战略和创新型国家建设战略能否顺利实施的关键所在。技术哲学和 STS 研究涉及科学、技术与公共政策，环境、生态、能源、人口等全球问题和 STS 教育等各方面问题的哲学思考与实践反思。《论丛》的出版，使学术成果能迅速扩散，必然会推动科教兴国战略、可持续发展战略和创新型国家建设战略的实施。

　　中国是历史悠久的文明古国，无论是人类科技发展史还是哲学史，都有中国人写上的浓重一笔。现在有人称："如果目前中国还不能输出他的价值观，中国还不是一个大国"。学术研究，特别是哲学研究，是形成价值观的重要部分，愿当代的中国学术才俊能在此起步，通过点点滴滴的扎实努力，为中国能在世界思想史上再书写辉煌篇章而作出贡献。

最后，感谢《论丛》作者的辛勤工作和编委会的大力支持，感谢中国社会科学出版社为《论丛》的出版所作的努力和奉献。

陈　凡　罗玲玲
2008 年 5 月于沈阳南湖

General Preface

Philosophy is the greatest wisdom of human beings, which always keeps its spirit young and keeps green forever although it has experienced great changes that time has brought to it. At present, philosophy is still taking the indispensable position.

Technology represents the oldest way of humans making use of the nature and has changed the existing status of the nature. When the functioning method of technology has induced transmutation of the relationship between humans and the nature to the extent that humans can not make overall and correct response, philosophical reflection on technology will then fall into academic research field. Like the appearance of new technological fields, especially that of ecotechnology, information technology, artificial intelligence, multimedia, medical technology and genetic engineering and so on, the nature of technology and the profoundness of technology acting on the nature are what have not been revealed by traditional technology. The social problems and ethical conflicts that technology has brought about have not been able to make human beings understand how the ideals of becoming the true, the good and the beautiful are united without depending on philosophical pondering.

Modern western technological philosophy history can date back to over 100 years ago European continent (mainly Germany and France). German Ernst Kapp's Essentials of Technological Philosophy (1877) and French Alfred Espinas' The Origin of Technology (1897) represent the emergence of modern western technological philosophy. After one hundred year's development, overseas research on technological philosophy is now transforming from uni – methodology to multi – methodology; is now seeking for merger with traditional philosophy to reconstruct the foundation of technological philosophy impetus; is now conducting the integration of engineering into humanity to join traditional specialty of engineering with cultural forms or routines of technology; is now focusing on research on technological ethnics and technological values, resulting in an application trend—that is, empiric – direction change of technological philosophy.

Another authentic proof – based research field that is relevant to technological philosophy is science technology and society. With technology becoming scientific, it has brought about fundamental changes to human society, and the rapid development of science technology in the 20th century has deeply changed the modes of production, measures of administration, lifestyles and thinking patterns, with information technology and life technology and so on in the lead. The positive impacts of science technology on the society reveal themselves rapidly. Meanwhile, the negative impacts of it are unprecedented pushy. As the effects of science on the society need evaluating in the correct way, and the effects of the society on science technology has also become an important aspect in understanding science technology, the research science of STS, the laws and application of the relationship between technology and the society, some newly developed disciplines concerning multi – disciplines and multi – fields are flourishing.

As early as 1960s, a cross – disciplinary research campaign targeting at the relationship between science technology and the society (STS) was launched in the United States. This campaign involved a variety of research schemes and research plans. In the late 1980s, in other countries especially such as Canada, the UK, the Netherlands, Germany and Japan, this research campaign was actively on in one form or another, and approved across the society. After 1990s, it further flourished. At present, the globalization of STS research has becoming typical of the co – existence of multiplicity and integration. The European scholars stress theoretical STS research with European characteristics (i. e. Edingburg version of thought, namely technology – being – formed – by – the – society theory, Science Technology Research Association of Europe); STS research guidelines of the United States (version of disciplines and version of Higher Education Association) and practice guidelines(cross – discipline version and version of Lower Education Association.) have developed respectively and their focuses are continuously variable. Japan focuses on taking in STS achievements of countries world – wide as well as clear technological characteristic of STS research (Japanese STS network and Japanese STS Association); the globalization and the multiplicity of STS research are bound to be accompanied by the integration of STS system and by the concern of research on the relationship between science technology, ecological environment and human sustainable development; attention is paid to the relationship between the highly – developed technology and the economic society; the concern of research on the relationship between science technology and humanity (such as the values, ethnic virtues, aesthetic feelings, psychological behaviors and language signs, etc.) happens to coincide with the research focus of technological philosophy.

Chinese technological philosophy research and STS research have risen rapidly to economic prominence with the fast development of Chinese science technology; the tolerance of academic atmosphere has prompted the high emergence of practical issues and meanwhile the development of technological philosophy research and STS research; more and more support of technological philosophy research and STS research is coming from the nation as well as all walks of life in the society with the national power strengthened.

The predecessor of Science Technological Philosophy Study Center of Northeastern University is Technological and Social Study Institute of the university. Northeastern University taking technological philosophy research and STS research as an important research direction dates back to the advocacy of Professor Chen Chang – shu and Professor Yuan De – yu in 1980s. The research characteristics of Northeastern version has been formed after over 20 years' research work. The center has become an innovation base for social science in STS Field of "985 Engineering" sponsored by the Ministry of Education in 2004 and approved as a key discipline of our country in 2007. Technological philosophy research and STS research of Northeastern University show their high levels mainly through the breakthrough in theoretical research and show their specialty chiefly through the down – to – earth work and high efficiency in application.

Chinese Technological Philosophy Research and STS Research Series (abbreviated to the Series) collects recent research works by some experts across the country as well as from our innovation base and the Research Center concerning multi – disciplines in science technology and STS fields, on purpose to explore the mechanism and laws of the inter – influence and inter – action of science technology on the society, to further flourish Chinese philosophical social science. The Series is the co – work of some expert professors and scholars domestic and abroad whose long – termed devotion promotes the completeness of the manuscript. It has been planned that five volumes are published for each edition, in order to make friends and share ideas with the readers.

The publication of the Series is certain to flourish researches on technological philosophy and STS in our country. It is just to collect relevant theoretical opinions at home and abroad, to develop an academic atmosphere to let a hundred flowers bloom and new things emerge from the old, to expand its influence in the society, and to increase technological philosophy research and STS levels. In all, the collections will strongly push Chinese technological philosophy research and STS research to develop further.

The publication of the Series is certain to provide technological philosophy and STS researchers at home and abroad with a communicating platform. It widely collects the recent domestic and foreign achievements of technological philosophy research and STS research, serving as a wide forum platform for the people in all walks of life nationwide and worldwide who are interested in the topics, strengthening mutual exchanges and cooperation, pushing forward the theoretical research on technological philosophy and STS together with their application.

The publication of the Series is certain to play a strong pushing role in implementing science – and – education – rejuvenating – China strategies, sustainable – development strategies and building – innovative – country strategies. Whether the relationships between Science, technology and the society can be correctly understood and dealt with is the key as to whether those strategies can be smoothly carried out. Technological philosophy and STS concern philosophical considerations and practical reflections of various issues such as science, technology and public policies, some global issues such as environment, ecology, energy and population, and STS education. The publication of the Series can spread academic accomplishments very quickly so as to push forward the implementation of the strategies mentioned above.

China is an ancient country with a long history, and Chinese people have written a heavy stroke on both human science technology development history and on philosophy history. "If China hasn't put out its values so far, it cannot be referred to as a huge power", somebody comments now. Academic research, in particular philosophical research, is an important part of something that forms values. It is hoped that Chinese academic genius starts off with this to contribute to another brilliant page in the world's ideology history.

Finally, our heart – felt thanks are given to authors of the Series for their handwork, to the editing committee for their active support, and to Chinese Social Science Publishing House for their efforts and devotion to the publication of the Series.

Chen Fan and Luo Ling – ling
on the South Lake of Shenyang City in May, 2008

目　　录

第1章 导 论

1.1 问题的提出

1.1.1 如何解读技术价值二重性

技术价值二重性问题是一个古老而又年轻的问题。人类对技术价值二重性的认识经历了三个阶段。15世纪以前，处于萌芽阶段，一些思想家有所表述，而没有引起社会公众的关注；从15世纪后半期到19世纪，许多思想家和社会公众普遍认可了技术的正向价值，而忽视了技术的负向价值；20世纪以来，技术的负向价值突现，技术价值的二重性，特别是技术价值的负向实现——技术异化，在思想家和社会公众之中都引发了普遍的关注和探讨。

审视人类对技术价值二重性认识的三个历史阶段，笔者认为，对技术价值二重性问题的哲学研究，以下这些问题是不能回避的，它们是：技术价值二重性的具体表象体现在哪些方面？如何透过这些表象分析技术价值二重性产生的原因？技术价值二重性是否必然产生？面对技术的负向价值，人们是否有所作为？如果有所作为？针对其产生的原因，可以采取哪些方法予以消解？如何理解技术负向价值的消解？可否将技术负向价值的消解问题理解为技术正向价值的充分实现与技术负向价值的尽力消解的协调问题？反思技术价值二重性，它的本质属性是什么？

技术尤其是具有变革社会作用的技术，其正向价值的实现对人类社会的发展具有重要的历史作用。但是，一些事例表明，具有变革社会作用的技术，在不同的社会环境中，其正向价值可能实现也可能不实现，实现的程度可能大也可能小。比如，古希腊的希罗（Hero）曾发明了历史上第一架用蒸汽作动力的机械装置，但当时处于奴隶社会的历史环境，他的发明只能作为高级玩物供统治阶级欣赏。而到了17世纪的资本主义工业革命时代，蒸汽机作为一种动力机械则发挥了巨大的历史推动作用。我国古代是发明大国，但是，在封建社会的历史环境中，指南针、火药、印刷术等项发明却成为无果之花。① 然而，指南针、火药、印刷术这三项发明传入欧洲之后，则被马克思称为"预告资产阶级社会到来的三大发明"。

上述事例表明，技术尤其是具有变革社会作用的革命性技术，虽然对社会发展有强大的推动作用，但是，技术的正向价值实现与否及其实现程度，也会受到技术所处社会环境中其他因素的制约。技术与社会是一种互动关系，技术与社会环境中其他因素有其各自的独立性，它们都处于人类物质性实践活动的社会大系统之中，相互之间具有作用与反作用的互动关系，共同服务于人类在自然生态、社会和人本层面的价值需求。在技术与社会环境中其他因素的互动过程中，社会环境中其他因素不是自动适应技术发展的要求，而是可能适应技术创新与应用的要求，也可能会阻碍技术创新与应用的要求，所以，有必要调整阻碍技术创新与应用的社会环境因素，为技术正向价值的实现提供环境保证；同时，必须意识到这种调整不是任意的，而是有一定限度的，这个限度来自于技术对社会环境中其他因素的制约作用。

技术正向价值的实现如此受到人们的关注，那么，技术正向价值实现的意义是什么？技术正向价值的实现是不是就是技术价值二重性在更高发展阶段的实现？在解决技术正向价值实现问题的同时，如何解决相伴而生的技术负向价值的实现问题？社会环境中哪些因素制约着技术正向价值的实现？是否可以调整以及如何调整这些制约因素，以促进技术正向价值的实现？在不同的国家，特别是发达国家与发展中国家，这些制约因素，对技术正向价值实现的制约，是否既有共性又有特性？发展中国家在工业化和后工业化过程中，能否借鉴西方发达国家的相关经验，尽量避免重蹈覆辙，在实现技术的正向价值之时，

---

① 陈昌曙：《自然辩证法概论新编》，东北大学出版社2000年版，第309页。

尽力减少技术负向价值的实现，加快工业化和后工业化过程，缩小与发达国家之间的差距，解决等距离追赶或者差距越来越大的技术鸿沟问题？

1.1.2　怎样应对网络技术价值二重性

网络技术产生于 20 世纪 60 年代末期，是在人类军事政治需求的推动下，由美国政府出资研发而产生的。1986 年，网络技术开始走上了民用的道路。20 世纪 90 年代中期，伴随国际互联网的出现，网络技术的社会影响不仅范围大，而且程度深，网络技术显然已成为具有强大社会影响力的革命性技术。

任何技术都是一把双刃剑，网络技术也不例外。网络技术强大的社会影响力，体现为网络技术的正向价值实现与负向价值实现。在自然生态层面，较之传统"耗能型"技术，网络技术是一种熵增较小的"脱能型""绿色技术"。① 但是，由于网络技术的广泛应用，处于网络技术的硬件层面的电子信息产品产生了大量的电子垃圾，现已成为困扰世界各国的一个严重的环境问题。在社会关系层面，网络技术引起了经济领域、商务领域的大变革，推动了传统产业的改造；网络技术也已成为推动政府管理体制改革的巨大力量。然而，"数字鸿沟"和网络安全问题也给网络时代的经济和政治带来了许多负面影响。在人本层面，借助网络技术，人类的认识能力得以提高、伦理观念得以提升、审美意识得以升华、身心健康得以完善。可是，网络技术的应用，也给人类的认识能力、伦理观念、审美意识、身心健康带来了诸多负面影响。

如何总结与概括现象层面的网络技术价值二重性，使人们认识到网络技术的主要正向价值与负向价值，以便抓住主要矛盾，在促进网络技术正向价值实现的同时，尽力消解网络技术的负向价值？如何透过现象层面，分析网络技术价值二重性产生的原因？针对产生的原因，在促进网络技术正向价值实现的同时，可以采取哪些方法尽力消解网络技术的负向价值？这些消解方法的关系如何？如何理解网络技术负

---

① 崔晓西：《流动的边界——网络与信息》，厦门大学出版社 2000 年版，第 181～188 页。

向价值的消解？可否将网络技术负向价值的消解问题理解为网络技术正向价值的充分实现与网络技术负向价值的尽力消解的协调问题？

要回答或解决上述问题，涉及到技术价值二重性的现有研究成果，能否适用于网络技术价值二重性的问题。笔者认为，能够适用。技术价值二重性与网络技术价值二重性，是一般与特殊的关系问题。对包含网络技术在内的所有技术的价值二重性问题进行研究，得出一般性结论，再用这些一般性的结论去研究网络技术价值二重性的特殊性问题，表现为归纳法与演绎法的综合运用，是符合科学研究的规律性的。

不仅技术对社会环境构成要素有决定或影响作用，社会环境构成要素对技术也有制约作用。网络技术属于一种革命性技术，网络技术的价值二重性表现为革命性技术对社会环境构成要素的决定性影响作用，其中正向的决定性影响作用就体现为网络技术正向价值的实现过程（当然与此相伴也会有网络技术负向价值的实现）。但是，正向的决定性影响作用，或者说网络技术的正向价值的实现，实现与否及其程度，则受到不同技术主体所处的不同社会环境中其他因素的制约。研究网络技术正向价值的实现问题，必须回答以下问题：研究网络技术正向价值实现的意义是什么？网络技术正向价值的实现是不是就是网络技术价值二重性在更高发展阶段的实现？在解决网络技术正向价值实现问题的同时，如何解决相伴而生的网络技术负向价值实现的问题？哪些社会环境中的其他因素，制约网络技术正向价值的实现？如何针对这些制约因素，采取相应的对策，促进网络技术正向价值的实现？在我国，制约网络技术正向价值实现的社会环境因素主要有哪些？如何针对这些制约因素，采取相应对策，促进网络技术正向价值在我国的充分实现，解决"数字鸿沟"所带来的一系列社会问题？

1.2　已有研究成果述评

1.2.1　技术价值二重性的已有研究成果述评

1.2.1.1　技术价值二重性理论溯源

在 15 世纪以前的漫长岁月中，科学还没有成为真正独立的部门，科学技术的社会效果不太明显，因而技术价值的二重性也并未引起社会公众的太大关注。不过，当时一些哲学家对技术价值观的论述，表明技术价值的二重性在古代就已萌芽。古希腊哲学家柏拉图在对理想国的描绘中，提出了科技治国论的思想，他宣扬技术具有治理国家的重要政治价值，认为技术是一种精巧的对达到我们的目的有许多用处的工具。苏格拉底认为"美德就是知识"，而不道德便是无知的同义词。我国春秋战国时期的墨子最早提出了功利主义的技术价值观，他强调知识的实用性，认为"用而不可，虽我亦将非之，焉有善而不用者？"① 上述这些思想，都肯定了技术的正向价值，基本属于技术乐观主义的价值观。与此对立，我国春秋战国时代的老子提出了技术悲观主义的价值观，他把社会战乱和各种弊端的出现归咎于技术价值的实现，认为"民多利器，国家滋昏；人多技巧，奇物滋起"②，主张人类应当废弃技术，回到原始时代。

　　从 15 世纪后半期到 19 世纪，随着科学技术的迅速兴起及其大规模、广泛地被应用，科学技术的应用表现出其重大的正面价值，而其负面价值由于没有充分展现，而被人们所忽视。许多思想家都持有肯定的、乐观的技术价值观。近代英国唯物主义始祖、伟大的科学家和思想家弗兰西斯·培根洞察到科学在改造自然和改造社会方面的巨大作用，提出了"知识就是力量"这一名言。他认为技术的应用给人类带来了巨大的利益，在"所有给予人类的一切利益之中""最伟大的莫过于发现新的技术、新的才能和以改善人类生活为目的的物品"。③ 哲学家斯宾诺莎、莱布尼兹、康德、黑格尔等曾颂扬科学技术是促进人类社会进步的手段，空想社会主义者如早期的康帕内拉和后来的欧文、傅立叶、圣西门等人，在构想各种乌托邦时，也把科学当成是拯救人类世界的重要力量，他们也充分肯定了科学技术正向的社会价值。与这些思想家的观点相反，18 世纪法国思想家卢梭则论述了技术的负向价值。在《论人类不平等的起源和基础》一书中，他强烈地抨击技

① 《墨子·兼爱下》。
② 《老子·五十七章》。
③ 班加明·法灵顿：《弗兰西斯·培根》，生活·读书·新知三联书店 1958 年版，第 43 页。

术给人类带来的负向价值效应，认为技术是道德最凶恶的敌人，技术价值的实现使得人类产生各种欲望，技术价值的实现是社会不平等和奴役的根源。因此，卢梭主张要消除社会不平等的根源，就必须反对并抛弃科学技术，使人类回归到原始的自然状态中去。

1.2.1.2　马克思的技术价值二重性理论述评

马克思所处的时代是科学技术推动社会生产快速发展的自由资本主义时期，与同时代许多思想家一样，马克思也充分肯定了科学技术正向的社会价值，正如恩格斯在马克思葬仪的悼词中所讲到的，"在马克思看来，科学是一种在历史上起推动作用的、革命的力量。"[①] 不过，作为辩证唯物主义和历史唯物主义的创始人，马克思没有停留在对科学技术仅仅肯定的、乐观的片面观点上，而是辩证地阐述了资本主义社会技术在自然、社会与人本三个层面的价值二重性。马克思批判地继承了前人的思想，经过不断的理论创新，最终将其劳动（技术）价值二重性理论建立在历史唯物主义的理论基础之上。马克思指出，技术价值的二重性源于劳动的对象化和异化，技术价值的正向实现对应于劳动的对象化，技术价值的负向实现对应于劳动的异化。扬弃劳动（技术）异化，不是取消一切劳动（技术），而是取消劳动（技术）的否定方面，而保留其肯定方面。在《资本论》这部巨著中，马克思详尽地考察了资本主义生产方式以及与此相适应的生产关系和交换关系，透彻地阐述了剩余价值学说，揭示了资本主义生产的秘密，找到了工人阶级劳动（技术）异化的真正原因，得出了扬弃资本主义生产关系，建立共产主义与社会主义，才能克服劳动（技术）异化的科学结论。

马克思从自然、社会与人本三个层面阐述了资本主义社会的技术价值二重性。（1）马克思通过区分异化和对象化，分析了劳动者在人与自然关系层面的异化。马克思认为，劳动者应用技术进行生产的目的在于通过劳动（技术）的对象化，使自然界被人类合乎目的地改造为人化自然。劳动者本应在营造人化自然的劳动（技术）活动中，占

---

① 马克思、恩格斯：《马克思恩格斯选集》第19卷，人民出版社1963年版，第102页。

有"劳动的生活资料（指土地、原料、劳动工具等）"和肉体生存所必需的生活资料，但资本主义私有制却使劳动者越是从事劳动（技术）活动，越是失去"劳动的生活资料"与生活资料。"劳动为富人生产了奇迹般的东西，但是为工人生产了赤贫。劳动创造了宫殿，但是给工人创造了贫民窟。"①（2）马克思通过揭露资本主义生产的秘密，分析了劳动者在人与社会关系层面的异化。马克思认为，人与人之间是通过形成现实的生产关系与劳动关系才与自然发生改造与被改造的关系。在私有制条件下，生产关系体现为人与人之间的异化关系。在资本主义社会，由于资本家占有生产资料，使工人成为生产资料的奴隶，成为机器（技术）的附属物。机器（技术）已完全归人格化的资本所有，技术的逻辑完全服从资本追逐、攫取最大剩余价值的逻辑。"机器（技术）成了资本的形式，成了资本驾驭劳动的权力，成了资本镇压劳动追求独立的一切要求的手段。在这里，机器（技术）就它本身的使命来说，也成了与劳动相敌对的资本形式。"②表面上来看，劳动者创造了机器（技术），而机器（技术）又成为异己的力量奴役着劳动者，即技术的异化；而事实上却是资本主义生产关系所导致的人与人之间关系的异化。（3）马克思认为，资本主义生产方式下劳动者在自然与社会层面的异化，最终体现在资本主义社会中劳动者在人本层面的异化，只有消除资本主义私有制，才能实现全人类的解放。在资本主义生产方式下，劳动（技术）异化使劳动者的身心受到严重的摧残。"机器劳动（技术的应用）极度地损害了神经系统，同时它又压抑肌肉的多方面运动，侵吞身体和精神上的一切自由活动，甚至减轻劳动也成了折磨人的手段，因为机器（技术）不是使工人摆脱劳动，而是使工人劳动毫无内容"③。"劳动创造了美，但是使工人变成畸形。劳

---

① 马克思、恩格斯:《马克思恩格斯选集》第 42 卷，人民出版社 1972 年版，第 91～93 页。
② 马克思、恩格斯:《马克思恩格斯全集》第 47 卷，人民出版社 1980 年版，第 385～571 页。
③ 马克思、恩格斯:《马克思恩格斯选集》第 23 卷，人民出版社 1982 年版，第 548～464 页。

动生产了智慧，但是给工人生产了愚钝和痴呆"。①

劳动在很大程度上就是技术的研发与应用过程，马克思的劳动对象化与异化理论也可视为马克思的技术对象化与异化理论。马克思指出，技术价值的二重性源于劳动的对象化和异化。马克思说："劳动所生产的对象，即劳动的产品，作为一种异己的存在物，作为不依赖于生产者的力量，同劳动相对立。劳动的产品就是固定在某个对象中、物化为对象的劳动，这就是劳动的对象化。劳动的实现就是劳动的对象化。在国民经济学作为前提（资本主义私有制——引者注）的那种状态下，劳动的这种实现表现为工人的失去现实性，对象化的表现为对象的丧失和被对象奴役，占有表现为异化、外化。"② 笔者认为，可以这样理解马克思这段话：（1）技术具有价值二重性，技术价值的正向实现，对应于马克思所说的劳动的对象化；技术异化是技术价值的负向实现，它对应于马克思所说的劳动异化。（2）劳动的对象化是劳动（技术）的肯定方面，它不是对人的否定，而是对人的肯定；（3）劳动的异化是劳动（技术）的否定方面，对于劳动者而言，劳动的异化是劳动（技术）价值的负向实现。（4）扬弃劳动（技术）异化，不是取消一切劳动（技术），而是取消劳动（技术）的否定方面，而保留其肯定方面。

其实，技术价值二重性问题研究的一个重要领域，就是研究伴随技术正向价值实现的技术负向价值实现（技术异化）问题，探寻技术负向价值实现（技术异化）的原因，并根据这些原因寻找消解技术负向价值（技术异化）的方法。那么，马克思是如何探寻技术异化产生的原因，并根据原因寻找消解技术异化的方法的？

马克思的劳动（技术）异化理论是在批判和继承古典异化理论的基础上产生的。古典异化理论经历了中世纪的神学形态，近代社会契约论形态和19世纪德国古典哲学形态。中世纪神学形态的异化观认为，统治阶级无偿占有被统治阶级的劳动成果并以此作为奴役他们的

---

① 马克思、恩格斯：《马克思恩格斯选集》第42卷，人民出版社1972年版，第91～93页。

② 同上。

物质基础的权力异化是天经地义的、上帝安排的。近代社会契约论形态的异化观认为，在自然状态下，人们都有天赋的自然权利，但是由于个人权利之间的对立，使社会卷入冲突与混乱之中，为了结束冲突与混乱，人们将自己的权利让渡给政府并组成国家，这就是从自然权利向政府权力的"异化"。19 世纪德国古典哲学形态异化观的代表人物主要有黑格尔和费尔巴哈。黑格尔首次明确地将"异化"作为哲学范畴来使用。① 黑格尔的异化理论具有相当的合理性在于：首先，他提出了只有扬弃"异化"才能达到主体和客体统一的否定之否定的辩证法思想。其次，他阐明了人类借助劳动创造自己历史的思想。但是，由于他的异化观是建立在客观唯心主义基础上的，他对劳动本身的理解是唯心的。费尔巴哈从人本主义出发，批判了宗教神学和黑格尔唯心主义哲学。费尔巴哈认为，自然宗教的神和基督教的上帝不过是人的自我异化的产物，是人的自身本质的虚幻的反映。在批判宗教，克服异化的问题上，费尔巴哈从抽象的自然的人出发，鼓吹一种新的"爱的宗教"，他把人看成"感性的对象"，而不是"感性的活动"，没有看到物质性的劳动实践活动的历史意义，因而在历史观上陷入了唯心主义。此外，费尔巴哈虽然突破了黑格尔的唯心主义体系，但由于他不理解黑格尔辩证法的合理思想，因而将黑格尔的辩证法与唯心主义一起抛弃，仍然保留着十八世纪法国唯物主义的机械性、形而上学性。

　　马克思批判地继承了卢梭等启蒙思想家、以及黑格尔、费尔巴哈等人的思想，经过不断的理论创新，最终将其价值观范畴的劳动异化观建立在辩证唯物主义和历史唯物主义的理论基础之上。

　　启蒙思想家把权力异化解释为人的权利的异化，否认了政府权力来源于神和上帝的宗教神学，具有历史的进步意义；特别是卢梭关于通过暴力革命手段消除权力异化的思想，更具有历史的进步意义。但是，由于历史的局限性，启蒙思想家从虚构的自然状态和抽象的人性出发来批判君权神授的权力异化观，未能认识到权力异化的根源在于

_____

　　① ［德］黑格尔：《精神现象学》（下卷），商务印书馆 1997 年版，第 50 ~ 116 页。

生产资料私有制所导致的劳动异化，因而仍然是历史唯心主义的异化观。马克思通过揭示资本主义生产的秘密，创立了科学的剩余价值论，找到了权力异化的物资基础——为剥削阶级无偿占有的劳动者创造的剩余价值，将权力异化及其根源劳动异化都建立在历史唯物主义的科学理论基础之上。

黑格尔辩证法的"合理内核"是马克思主义理论的来源之一，在马克思的劳动异化理论中，作为主体的劳动者创造了客体——剩余价值，而剩余价值被资本家无偿占有，并成为奴役劳动者的物质力量，这就是劳动异化和技术异化。只有扬弃了产生异化的根源——资本主义私有制，确立劳动群众集体所有制，建立共产主义社会与社会主义社会，才能实现主体与客体的统一，劳动者创造的客体——剩余价值才能作为公共福利和政府权力的物质基础，服务于创造他的主体——劳动者。

马克思批判地改造了费尔巴哈的哲学，吸取了其中唯物主义的"基本内核"，批判地继承了黑格尔关于异化的辩证法思想，从人类社会物质生产劳动实践活动出发，分析了劳动（技术）异化，并在历史唯物主义的基础上，确定了科学的劳动（技术）异化观。

马克思关于劳动（技术）异化的思想经历了四个阶段。

第一个阶段，青年时期的马克思，受卢梭、费尔巴哈思想的影响，在理论上批判了权力异化和宗教异化。马克思当时还未能认识到权力异化的根源在于生产资料私有制所导致的劳动（技术）异化。

第二个阶段，处于历史唯物主义形成时期的马克思，在《1844年经济学哲学手稿》之中，将仍然带有一定思辨色彩的"自由自觉的劳动"作为人的本质，既运用费尔巴哈的唯物主义原则来克服黑格尔异化观的抽象思辨性，又运用黑格尔的辩证法来克服费尔巴哈异化观的消极性和抽象性。通过阐发"自由自觉的劳动——异化劳动——扬弃异化劳动"的社会发展模式，论证资本主义社会的历史阶段性和共产主义社会的历史必然性。

第三个阶段，1845—1846年，《德意志意识形态》标志着历史唯物主义的形成，马克思试图用"分工"来说明异化，对早期的劳动

（技术）异化思想进行了改造。马克思认为，分工产生了私有制，使人们之间的私人关系发展为阶级关系，并成为使人必须屈从的异己力量。此时的马克思由于缺乏对经济史的研究，对"分工"从十分宽泛的意义上来理解，未能真正找到劳动（技术）异化的原因。

第四个阶段，从 19 世纪 40 年代中期直至逝世，马克思几乎耗尽了毕生的精力写作《资本论》这部巨著，详尽地考察了资本主义生产方式以及与此相适应的生产关系和交换关系，透彻地阐述了剩余价值学说，揭示了资本主义生产的秘密，找到了工人阶级劳动（技术）异化的真正原因，得出了扬弃资本主义生产关系，建立共产主义与社会主义，才能克服劳动（技术）异化的科学结论。

综上所述，马克思对于技术价值二重性理论的主要贡献在于：①将技术价值二重性理论建立在辩证唯物主义和历史唯物主义的哲学理论基础上。②明确指出，资本主义社会制度是技术负向价值产生的根源，变革社会制度是消解技术负向价值的根本有效途径。马克思的技术价值二重性理论的当代意义在于，它指明了技术价值二重性研究的理论方向，为批判地吸收各种理论观点，特别是西方技术哲学家的技术价值二重性理论，提供了评判标准（当然这一评判标准的真理性也需要实践的检验）。

1.2.1.3　现代西方技术哲学家的技术价值二重性理论述评

20 世纪以来，由于科学技术的负向价值日渐显现，西方哲学界对待技术的主流思想已从技术乐观论逐渐走向技术悲观论的历史时期。以技术悲观论为主基调，反映了西方发达工业社会中深刻的社会矛盾，表面看来，科学技术越发展，技术负向价值越严重，而实际上，这是资本主义生产关系日益不能适应社会生产力发展要求的具体体现。

以技术悲观论为主基调的现代西方技术哲学家有：侧重于生态层面技术负向价值的罗马俱乐部，侧重于人本层面技术负向价值的埃吕尔、拉普、海德格尔等，从生态、社会和人本三个层面对发达资本主义社会的技术负向价值现象进行了"深刻"批判的法兰克福学派。

1972 年，罗马俱乐部发表的研究报告《增长的极限》，从生态层面论述了现代经济的快速增长已使人类陷入了生存危机之中，这种危机具体表现在三个方面：一是环境的严重污染与破坏，二是人口膨胀与粮食的短缺，三是资源与能源的枯竭。丹尼斯·米都斯等人认为，上述三个方面的危机将导致世界经济增长将在 2100 年达到增长的极限①。据此，米都斯等人提出了停止增长即"零增长"的口号，作为消解技术负向价值的方法。

埃吕尔运用他的"技术自主论"观点，对技术负向价值问题进行了独到的分析。他认为，当代技术已日渐成为一个完全自主的、外在于人的支配系统；技术的效果在本质上是反对自由的，并且技术越发达，人所丧失的自由就越是惨重。② 与埃吕尔的观点相似，拉普认为技术异化（技术负向价值）是现代技术世界的特征，这种技术异化（技术负向价值）的根源在于技术程序本身的性质……在原则上，现代技术服务的代价就包括了一定程度的异化。因此他得出结论：既然只要有效地利用技术活动的潜力，就会出现这些现象，那么，在一切工业化国家就会必然出现异化。③ 基于以上认识，埃吕尔、拉普认为，面对技术应用所带来的技术负向价值现象，人们只能被动接受；否则，只有通过放弃技术，才能消解技术负向价值。

一些哲学家，比如斯本格勒、雅斯贝尔斯、海德格尔等，从人本主义的立场出发来反对现代技术，认为技术是导致文明堕落、道德沦丧的祸根，应对工业社会中的人的种种异化现象负责。海德格尔认为，在技术社会中"人变成了被用于高级目的的材料"，技术中的艺术性消逝了，思维的能力衰退了，人的本质失落了。因此，他警告说，不要认为我们从技术中看到什么"合乎自然的东西"。④

法兰克福学派产生于发达的资本主义社会，是一个从资本主义社

---

① ［美］丹尼斯·米都斯等：《增长的极限——罗马俱乐部关于人类困境的研究报告》，四川人民出版社 1983 年版，第 19～20 页。

② Jaques Ellul. *The Technological Order.* edited by C. Mitcham, Philosophy and Technology. The Free press, 1983. p. 80－120.

③ ［德］F. 拉普：《技术哲学导论》，刘武等译，辽宁科学技术出版社 1986 年版，第 146～147 页。

④ George F. McLean(General Edited). *Cultural Heritage and Contemporary Change.* seriesⅢ, Asia, Volume11［EB/OL］, http://konigor. hypermart. net/english/igor_kon001. html, 2005－03－23

会内部批判资本主义的社会哲学流派。他们断言，不是资本主义社会制度，而是科学技术的发展给人类带来了灾难，并且从自然生态、社会和人本，主要是人本，三个层面揭示了资本主义技术负向价值的种种社会弊病，指出发达工业社会虽然是一个"富裕社会"，但却感染了"综合病症"，所以，它是一个"最病态的社会"。法兰克福学派的主要代表人物有霍克海默、阿多诺、马尔库塞、弗洛姆、哈贝马斯等。

在技术负向价值的自然生态层面，霍克海默和阿多诺认为，人在对自然的统治过程中，技术起着特别重要的作用，但当人凭借技术获得对自然的控制时，技术本身也就变成了人的自由解放的枷锁。① 在技术负向价值的社会层面，法兰克福学派认为，技术的进步通过战争、杀戮、恐怖、暴力等形式对人民进行肆无忌惮的摧残与攻击。哈贝马斯指出，科学技术既是生产力，又是社会意识形态，科学技术渗入社会组织，形成一种控制自然与人的力量，技术执行着意识形态的功能，使人民群众非政治化，从而导致出现一个"合理的极权社会"。② 法兰克福学派主要从人本层面阐述了技术负向价值，这是因为法兰克福学派是以批判现代发达资本主义社会对人的压抑，寻求人类解放为其目的的。他们提出，科学技术愈发展，人性所受到的压制和摧残就愈严重。法兰克福学派创始人霍克海默指出，作为西方现代化重要资源的科学技术虽然曾把人从野蛮中拯救出来，但又使人再一次沉沦到新的野蛮中去，"技术知识扩大了人的思维和活动的范围，与此同时……旨在启蒙的技术能力的进步伴随着非人化的过程"③ 马尔库塞更直接指出："技术进步！社会财富的增长（国民生产总值的增长）！奴役的扩展。"④ 人已成为一种只有物质生活而无精神生活的"单向度的人"，社会也成了一种"单向度的社会"。⑤ 弗洛姆在《健全的社会》一书中

---

① 〔德〕霍克海默、阿多诺：《启蒙辩证法》，转引夏基松：《现代西方哲学教程》，上海人民出版社 1979 年版，第 3～16 页。

② 〔德〕哈贝马斯：《走向一个合理的社会》，学林出版社 1970 年版，第 111～112 页。

③ 〔德〕霍克海默：《理性的失落》，转引夏基松：《现代西方哲学教程》，上海人民出版社 1974 年版，前言。

④ 〔美〕马尔库塞：《反革命与造反》，重庆出版社 1972 年版，第 4 页。

⑤ 〔美〕马尔库塞：《单向度的人》，重庆出版社 1988 年版，第 12 页。

指出，被发达工业社会异化了的人，已不再是人，而是没有思想，没有感情的机器。

为什么科技越发达，科技异化现象越严重？哈贝马斯认为，这是由于科学技术不仅是生产力，也是意识形态所导致的。科学技术渗入社会组织，形成一种控制社会与控制人的力量，形成一种"虚假的意识"，使人们不能得到自由，不能得到解放。

如何消解发达工业社会中出现的技术负向价值问题？由于法兰克福学派认为科学技术本身执行"意识形态"功能是产生技术负向价值现象的原因，因而法兰克福学派提出通过"心理革命"、"意识革命"来取代政治经济领域的革命，是解决发达资本主义社会技术负向价值问题的有效办法。法兰克福学派认为，和这种"心理革命"相适应的革命手段，不再是暴力革命和阶级斗争，而是通过"人道主义的心理分析"和"爱的教育"，净化人的心理，完善人的道德；对统治的文化持批判的态度，并采取大拒绝的方针，与此同时建立新型意识，提高人们对解放人性的认识。根据法兰克福学派所倡导的"心理革命"，最终将建立起来一个实现不了的乌托邦式的"人本主义公有制社会"。

上述现代西方技术哲学家的技术价值二重性理论，既有值得借鉴之处，也存在着严重的不足。

值得借鉴之处主要有：（1）罗马俱乐部发表的研究报告《增长的极限》，证实了恩格斯《自然辩证法》中的预言。恩格斯曾经预言："我们不要过分陶醉我们对自然界的胜利。对于每一次这样的胜利，自然界都会报复我们。"[①] 恩格斯指出，生态破坏问题一方面是由于人类认识能力的局限造成的，另一方面是由于资本主义社会形态的固有矛盾造成的。今天，罗马俱乐部发表的研究报告《增长的极限》，无疑证实了恩格斯的预言，只是他们没有认识到资本主义社会形态的固有矛盾是导致生态危机的重要原因之一。（2）法兰克福学派从生态、社会和人本三个层面对发达资本主义社会中的技术负向价值现象进行了全方位的揭示与批判，与马克思对自由资本主义时期的技术负向价值现

---

① 马克思、恩格斯：《马克思恩格斯选集》第3卷，人民出版社1974年版，第517页。

象相衔接，使人们认识到，虽然垄断资本主义的剥削手段更加隐蔽了，但是源于资本主义剥削制度的技术负向价值却日益严重了。（3）埃吕尔、拉普从他们的"技术自主论"的思想出发，看到了技术负向价值是技术正向价值实现时必然与其相伴而生的负效应这一客观规律，有其合理的一面。他们的理论贡献，为后来的学者探索技术价值二重性产生的客体性原因提供了研究思路。（4）法兰克福学派提出用"心理革命"、"意识革命"来取代政治经济领域的革命，来解决发达资本主义社会技术负向价值问题，是治标不治本的办法。但是，对于消除阶级对立的社会主义国家，通过"心理革命"、"意识革命"，更新和矫正失当的技术价值观，对于消解技术负向价值却是一种有效的方法。

　　严重的不足之处主要有：（1）上述西方技术哲学家的技术负向价值观大多带有悲观主义的色彩，这一方面是他们对资本主义社会固有社会矛盾所引发的社会问题实难解决的真实心理反映，另一方面也是他们形而上学哲学思想的一种反映，即他们仅仅将技术负向价值理解为一种消极的社会现象，而没有看到技术负向价值及其能动解决是人类社会发展的动力这一社会历史规律。（2）除法兰克福学派以外，上述西方技术哲学家都是从生态、社会和人本这三个方面的某一方面来阐述技术负向价值问题的，因而难免会陷入片面性。比如，海德格尔从人本层面批判了技术负向价值问题，但由于未能从社会制度层面剖析技术负向价值的根源，很难发现人本层面技术负向价值产生的原因。（3）上述西方技术哲学家最根本的不足之处在于，他们都没能找到资本主义社会严重技术负向价值的真正原因在于资本主义剥削制度本身。由于没有找到真正的原因，所以，他们提出的消解方法也就必然存在片面性。比如，罗马俱乐部提出"零增长"的口号；埃吕尔、拉普提出通过放弃技术来消解技术负向价值；法兰克福学派提出适用"心理革命"来消解技术负向价值等。为什么发达资本主义社会既是一个富裕的福利社会，又是一个技术负向价值十分严重的社会呢？笔者认为，随着科学技术的发展，相对剩余价值的剥削占主导地位，使剥削以更加隐蔽的方式进行，从而使人们难以发现技术负向价值的真正社会根源还是资本主义的剥削制度。此外，统治阶层及其代理人改变了统治策略，他们从普通劳动者创造的相对剩余价值中拿出一小部分作为福利待遇，使他们衣食无忧，同时剥夺他们参与涉及他们自身利益的社会管理的权利，科技立项、研发再到应用的过程，都体现了统治阶层的价值取向，而漠视了广大普通劳动者的价值取向，这些环节上民主参与的缺失就是一系列技术负向价值产生的重要原因之一。所以，揭露这种隐蔽形式的剥削方式，进行社会制度的变革，使普通劳动者真正成为自己劳动成果、科技成果的支配者，是克服资本主义社会技术负向价值问题的根本方法。

1.2.1.4 国内学者的技术价值二重性研究成果述评

受历史因素的影响，国内学者技术价值二重性的研究成果主要出现在 20 世纪 80 年代以后。主要是在评述马克思、恩格斯等经典作家以及西方技术哲学家的技术价值二重性理论的基础上，阐述各自的学术观点。有学者论述了马克思对技术悖论及技术异化的深刻分析、技术异化的根源、摆脱异化的根本出路以及马克思技术异化思想的当代反响。[①] 有学者用熵增理论分析了技术负向价值（技术异化）产生的客体性原因，她说："人工自然中的创造物无一不是通过技术从天然自然中吸取低熵的物质和能量而得以产生，同时却把高熵的废物垃圾排给天然自然。所以人工自然中的技术创造物的存在就是天然自然中物质存在状态的异化。"[②] 还有学者较为系统地研究了技术负向价值（技术异化）问题，较为详尽地阐述了伴随技术正向价值实现的同时，技术负向价值实现的机理，以及技术负向价值（技术异化）产生的客体性原因和主体性根源。[③] 对于如何消解技术负向价值（技术异化）问题，学者们也提出了多种方法。有学者提出通过更新价值观念和确立技术价值评价规范体系来消解技术负向价值（技术异化）。[④] 有学者提出消解技术负向价值（技术异化）有三个途径可供选择：第一是着眼

---

① 郑元景："马克思技术异化思想及其当代反响"，《福建农林大学学报》（哲学社会科学版），2003 年第 4 期，第 60～62 页。

② 李世雁："自然中的技术异化"，《自然辩证法研究》，2001 年第 3 期，第 24～26 页。

③ 郭冲辰：《技术异化论》，东北大学出版社 2004 年版，第 59～210 页。

④ 同上。

于技术本身（或放弃技术，或以技术进步战胜技术异化，或有节制地适当地使用技术）；第二是借助于道德改革；第三是通过完善社会建制（包括政治制度、经济组织方式、文化伦理等与一切社会因素相关的社会存在和运行方式）而逐步消除技术异化；第三个途径是根本有效的。① 还有学者提出，要消解技术负向价值（技术异化），必须实行人与社会的变革，更新价值观念，矫正价值导向，重建原价值，建构新型的人与自然的关系等。②

上述国内学者的研究成果对于技术价值二重性问题的研究无疑有很多的借鉴作用和启发作用。借鉴作用主要是，在评述马克思、恩格斯等经典作家以及西方技术哲学家的技术价值二重性理论的基础上，结合中国的实际情况，在阐述技术价值二重性表象的基础上，分析产生技术价值二重性的主、客体原因，并针对这些主、客体原因采取相应的办法来消解技术负向价值（技术异化）。启发作用主要有：（1）进一步研究马克思的技术价值二重性理论，从马克思的著作中归纳出，马克思对自由资本主义社会技术在自然、社会与人本三个层面的价值二重性的表述，马克思对技术价值二重性产生原因的分析，以及马克思提出的消解技术负向价值（技术异化）的方法。（2）只有深刻地认识到，马克思的技术价值二重性理论是建立在马克思辩证唯物主义和历史唯物主义的哲学理论基础之上，才能把握正确的研究方向，才能运用马克思的技术价值二重性理论，去分析评价西方技术哲学家的技术价值二重性理论，剔除其唯心主义和形而上学的糟粕，并吸取其精华为我所用。（3）由于国内学者提出的消解技术负向价值（技术异化）的方法主要是针对产生技术负向价值（技术异化）的主体性原因的，而对于针对产生技术负向价值（技术异化）的客体性原因的消解方法少有论述，所以，下一步的研究工作，着力点应该放在针对产生技术负向价值（技术异化）的客体性原因，提出相应的消解方法。（4）由于国内学者对于技术价值二重性的本质属性几乎没有进行哲学

---

① 刘文海："技术异化批判——技术负面效应的人本考察"，《中国社会科学》，1994 年第 2 期，第 101 页。

② 张明仓："科技代价论"，《南京社会科学》，1999 年第 4 期，第 10 页。

反思，所以，从对立统一关系理论、生产力与生产关系的理论等哲学视角对技术价值二重性进行哲学反思，也是一项很有意义的研究工作。

1.2.1.5 技术正向价值实现的已有研究成果述评

技术正向价值实现（当然与此相伴也会有负向价值的实现）的问题涉及一个目前学术界正在争议的一个问题，即技术与社会的关系问题。在这个问题上大体可分为三种观点，即技术决定论、社会制约论、技术与社会互动论。① 技术决定论强调技术的自主性和独立性，认为技术能直接主宰社会命运，技术是一种人类无法控制的力量。社会制约论认为，技术发展受制于特定的社会环境，技术活动受到技术主体的利益、文化选择、价值取向和权利格局等社会因素的制约，也就是说，在现实的技术活动中，技术的产生及其社会应用的程度受制于技术主体的政治军事利益、经济利益、传统文化观念、国家干预、伦理价值的取向等社会因素。技术与社会互动论，既承认技术对社会具有决定或影响作用，也承认社会对技术能够起到某种制约或建构作用。关于马克思或者马克思主义技术观归属于上述那一种理论，理论界还存在争议。② 笔者赞同将马克思或者马克思主义技术观归属于技术与社会互动论。马克思主义技术价值观认为，技术与社会环境中主客体因素有其各自的独立性，它们都处于人类物质性实践活动的社会大系统之中，相互之间具有作用与反作用的互动关系，共同服务于人类在自然生态、社会和人本层面的价值需求。

基于以上认识，技术正向价值实现（当然与此相伴也会有负向价值的实现），就是人类通过物质性实践活动，即技术与社会环境中主客体因素的互动作用，在自然生态、社会和人本层面的价值需求的实现过程。有关技术正向（和负向）价值实现的研究成果较少，但是技术与社会关系则是学术研究的一个热点。对技术与社会关系有较为清晰

---

① 晏如松、张红："技术的决定论和社会建构论"，《陕西师范大学学报》（哲学社会科学版），2004 年第 10 期，第 33～36 页。

② 李三虎："技术决定还是社会决定：冲突和一致——走向一种马克思主义的技术社会理论"，《探求》，2003 年第 1 期，第 36～45 页。

的认识，明确了技术发展的环境因素①、技术发展的社会规范②，并采取相应的对策，也就解决了技术正向（和负向）价值的实现问题。

关于技术正向价值实现的意义是什么？显而易见，对于发达国家来说，就是继续保持其技术、经济等方面的优势地位；而对于像中国这样的发展中国家，则是要缩小与发达国家之间在技术、经济等方面的差距。这就遇到了一个等距离追赶或者差距越来越大的问题，也可以说是技术鸿沟问题。这一问题，在信息网络时代被称为"数字鸿沟"问题。有学者指出："不同国家、不同地区、不同时期的社会文化背景是不同的，其技术必然具有不同的特点。这意味着照搬彼时彼地的经验将难有成效，具体的政策工具可能需要根据地方特点进行定制，而且同样的政策工具在不同环境中可能有不同的运用方式。"③ 笔者认为，像中国这样的发展中国家，工业化和后工业化过程，技术与社会的交互作用，与发达国家相比，既有其特殊性，又有其共同性。照搬发达国家技术与社会的交互作用的模式是不行的，但发达国家工业化和后工业化过程中具有共性的相关经验却可以为我国所借鉴。我国要充分借鉴西方发达国家工业化和后工业化过程中技术与社会交互作用具有普遍性的发展规律，更好地协调技术正向价值实现与技术负向价值实现的关系，尽量避免重蹈覆辙，在实现技术的正向价值之时，尽力减少技术负向价值的实现，加快工业化和后工业化过程，缩小与发达国家之间的差距，解决等距离追赶或者差距越来越大的技术鸿沟问题。

技术与社会交互作用，使技术正向价值的实现表现为两个方面，一方面，对现有技术或引进的技术进行再创新，以适应特定地区的社会环境；另一方面，调整特定地区的社会环境，使现有技术或引进的技术的正向价值得到充分实现。如何对现有技术或引进的技术进行再

---

① 徐刚："论技术发展的环境因素"，《福建行政学院福建经济管理干部学院学报》，1999 年第 2 期，第 42～43 页。

② 金俊岐："论当代科学技术发展的社会规范"，《河南师范大学学报》（哲学社会科学版），2000 年第 6 期，第 39～41 页。

③ 邢怀滨："社会建构论的技术界定与政策含义"，《科学技术与辩证法》，2004 年第 8 期，第 46～49 页。

创新，以适应特定地区的社会环境，不是技术哲学、技术社会科学研究的范围，是技术专家的工作。如何调整特定地区的社会环境，使现有技术或引进技术的正向价值得到充分实现，属于技术哲学、技术社会科学研究的范围。哪些社会环境因素，影响技术正向价值的实现？学者们有不尽相同的论述。有学者认为，地理因素（包括经济地理因素和地域民族因素）、生态因素、人的因素影响技术正向价值的实现。① 有学者认为，经济因素（面向经济）、生态因素（面向绿色）和社会科技心理因素（面向公众）影响技术正向价值的实现。② 还有学者认为，自然区位、政治区位、经济区位、文化区位、社会心理等因素影响技术正向价值的实现。③ 笔者认为，影响技术正向价值实现的因素很多，关键在于是研究技术的一般还是技术的特殊。研究技术的一般，就是归纳总结影响所有技术正向价值实现的共有的因素。研究某一类特殊的技术，就是在共有因素的基础上，研究影响技术正向价值实现的特殊性。

确定了影响技术正向价值实现的社会环境因素，下一步的工作就是，调整技术或这些环境因素，使它们相互适应，以寻求技术正向价值的实现。不过，应当注意的是，伴随技术正向价值的实现，还会有可预见或不可预见的技术负向价值的实现。笔者认为，根据以人为本、全面、协调、可持续发展观的要求，调整社会环境因素以促进技术正向价值实现的同时，必须兼顾技术负向价值的尽力消解问题，最终形成的调整方案，应当尽量接近于技术正向价值实现的最大化与技术负向价值实现的最小化。从笔者所查阅的文献来看，上述观点基本上得到了普遍的认可。比如，有学者阐述了地理因素、生态因素和人的因素对技术发展（技术正向价值实现）的制约，也表达了技术发展（技

---

① 徐刚：“论技术发展的环境因素”，《福建行政学院福建经济管理干部学院学报》，1999 年第 2 期，第 42 ~ 43 页。

② 金俊岐：“论当代科学技术发展的社会规范”，《河南师范大学学报》（哲学社会科学版），2000 年第 6 期，第 39 ~ 41 页。

③ 陈凡、张明国：《解析技术》，福建人民出版社 2002 年版，第 78 ~ 95 页。

术正向价值实现）与克服技术负向价值必须兼顾的学术观点。①

综上所述，对技术正向价值实现问题的研究，主要侧重于影响技术正向价值实现的社会环境因素及相应对策问题的研究，而对于技术正向价值实现的意义、如何理解技术正向价值的实现等问题则探讨的不多。

1.2.2 网络技术价值二重性的已有研究成果述评

1.2.2.1 国外网络技术价值二重性的已有研究成果述评

国外信息哲学、网络技术哲学的研究成果有助于我们认识网络技术价值二重性问题所属的学术领域、可以采用的研究方法以及值得借鉴的相关学术成果。

（1）网络技术价值二重性问题所属的学术领域

信息技术的产生与发展产生了极为广泛的社会影响，可以说信息技术已经渗透到了人类实践活动的方方面面，信息技术在给人类带来极大便利的同时，也引发了众多的社会问题。对这些社会问题的分析与解决，也推动了哲学的发展。20 世纪 80 年代初，信息作为哲学的一个基本概念开始得到哲学界的承认，如国际著名的哲学家达米特（M. Dummett）在其《分析哲学起源》中，赞同信息是比知识更基本的概念的观点。此外，美国《时代周刊》将个人计算机评为 1982 年的"年度人物"。1985 年，美国哲学协会创建了哲学与计算机分会。同年，美国主办的权威哲学期刊《元哲学》出版了题为《计算机与伦理学》的专号。首次由计算与哲学协会（Association of Computing and Philosophy，CAP，即目前国际计算与哲学协会（1ACAP）的前身）出资赞助的年会于 1986 年在克利夫兰州立大学召开。到了 20 世纪 80 年代中期，哲学界已经完全意识到信息哲学所探讨的问题的重要意义，同时也确认其方法论和理论的价值。信息的概念、方法、技术和理论已经成为强大的"解释学装置"。它们形成了一种元科学，具有统一的语言，在包括哲学在内的所有学术领域畅通无阻。1998 年，《元哲学》

---

① 徐刚："论技术发展的环境因素"，《福建行政学院福建经济管理干部学院学报》，1999 年第 2 期，第 42~43 页。

出版了《数字凤凰——计算机如何改变哲学》专刊，它的出版标志着一个哲学的独立分支学科——信息哲学诞生了。牛津大学哲学家弗洛里迪（Luciano Floridi）指出，信息哲学能够提供大量的分支领域供研究人员进行研究，这些分支领域作为子系统与信息哲学这一母系统有机联系形成一个新的学科领域。就美国哲学协会哲学与计算机分会过去 16 年所确立的议题来看，信息哲学的分支领域主要有：哲学教学的计算机应用；计算机的社会方面，如信息与信息（网络）技术哲学、计算机伦理学、计算机文化与社会、虚拟实在等；与哲学的创新相关的学科，如人工智能科学、人工生命/生物学中的计算机建模、形而上学等；数字美学领域有：数字多媒体/超媒体理论，超文本理论以及文学批评等；还有体现信息社会以及在数字环境下关于人类行为的心理学、人类学和社会现象等。①

　　虽然学者们对信息哲学的创始人、创立时间、理论体系的构建等持有不同意见。② 但是信息哲学已经建立起来，无论是作为一种元哲学的信息哲学，还是信息哲学的子系统都吸引着众多学者的研究兴趣。信息（网络）技术哲学是信息哲学的一个子系统，这个子系统包括本体论、认识与实践论、辩证观、历史观、伦理观、价值观等孙系统。笔者关于网络技术价值二重性问题的研究属于网络技术的价值观这一孙系统。由于技术价值二重性问题属于技术哲学的一个子系统——技术价值观领域，所以，网络技术价值二重性问题的研究也属于技术哲学领域。可见，网络技术价值二重性问题的研究归属于信息哲学与技术哲学的交叉领域。

　　（2）美国网络技术哲学(含网络技术价值二重性)研究成果述评

　　美国技术哲学专家阿伯特·鲍格曼（Albert Borgmann），他的有关网络技术的三部哲学著作在技术哲学界引起极大关注，其他技术哲学工作者通过对鲍格曼学术思想的评述以及进一步的探讨，形成了美国

---

　　① 刘钢："从信息的哲学问题到信息哲学"，《自然辩证法研究》，2003 年第 1 期，第 45～49 页。

　　② 邬琨："亦谈什么是信息哲学与信息哲学的兴起"，《自然辩证法研究》，2003 年第 10 期，第 6～9 页。

网络技术哲学的研究群体。这个研究群体的人员主要有：埃利索·费尔南德斯（Eliseo Fernandez）、迈伦·图门（Myron Tuman）、菲尔·默林斯（Phil Mullins）、彼得·保罗·弗比克（Peter - Paul Verbeek）、汉斯·埃克特西斯（Hans Achterhuis）等。鲍格曼有关网络技术的三部哲学著作是：《从哲学上探究技术与当代生活的关系》、《跨越后现代的分水岭》、《继续关注现实：新千年之际，论信息的本质》，其中，《继续关注现实》在学术界引起很大反响。在《继续关注现实》一书中，鲍格曼主要提出了以下五个方面的学术观点：①按信息发展的历史进程将信息分为三大类：自然信息（natural information）、文化信息（cultural information）、技术信息（technical information），其中技术信息现已成为支配人类生活的信息形式，只有将三种信息均衡地加以利用才能创造美好的生活。②技术哲学的目的在于提供哲学理论来阐明信息的本质，并提供道德规范来确保信息技术的健康发展。③从信息技术的处理与传输所体现出的技术性质来探索后现代主义问题。④数字文化的出现，数字化人造物的激增，正使世界转变成超现实的领域（hyperreal domain）。⑤人们在网上的符号化行为与物理现实的因果关系不是明显的区分开来的，而是相互重叠的，表明人们的网上交往行为及由此形成的网上社会关系是一种新类型的社会交往行为与社会关系。

对《继续关注现实》一书，美国技术哲学学者及相关领域的学者发表了他们的评论意见，这些评论意见与鲍格曼的思想共同组成了美国网络技术哲学的思想库。

埃利索·弗尔南德斯（Eliseo Fernandez）肯定鲍格曼的建议具有积极意义，即我们不要消极地顺从网络技术的支配，而应看到网络技术可能带来的危险，应当建立起我们与网络技术的一种平衡关系。①

迈伦·图门（Myron Tuman）分析鲍格曼的理论是批判现代性的一种后现代主义思潮，但鲍格曼对后现代性的分析则是乏力的。鲍格曼的自由主义社会价值观与其保守的关于家庭与社会的看法是不相协调

① Eliseo Fernandez. *Information and Ersatz Reality*：*Comments on Albert Borgmann's Holding on To Reality*. Techne6：1 fall 2002.

的。总之，鲍格曼是一位批判现代性而又未摆脱现代性束缚的后现代主义思想的探索者。

菲尔·默林斯（Phil Mullins）对鲍格曼的思想的评析着眼点在于阐发而不在与批判，他对鲍格曼的以下两点理论贡献进行了阐发，①技术作为工具帮助人类塑造了自然与社会环境，而自然与社会环境又塑造了人类本身。②技术哲学家的任务在于提供哲学理论与道德标准来平衡三种类型的信息。

彼得·保罗·弗比克（Peter – Paul – Verbeek）用异化理论来概括鲍格曼的论述。从异化理论的观点来看，网络技术承诺减轻生活负担、丰富我们的生活，但是由于它使人们减少了对现实活动的参与，而使人们的生活更加贫乏。但是，弗比克并不完全赞同鲍格曼的观点。他认为，对于贫穷的人，借助网络技术设备可以丰富他们的文化生活。此外，弗比克也不赞同鲍格曼关于网络技术提供给人们现实世界替代品的观点。他认为，网络技术提供给人们与现实世界和他人进行交往的一个中介。因为，按照鲍格曼的观点，网络技术只成为人与外在世界的中介，而不能成为人与人的中介。其实，网络技术的确也提供了人与人进行交往的中介。替代品的观点不能概括网络技术的中介作用，因此弗比克不同意鲍格曼的观点。弗比克更进一步地分析认为，超现实（Hyperrealities）不必然导致与现实的疏远，而是一种"迂回"，这种"迂回"使超现实以真实现实（actual reality）为其目的地。笔者认为，弗比克所说的超现实（Hyperrealities）其实与虚拟现实（virtual reality）是同一的。依弗比克的观点，虚拟现实是手段（means）而真实现实（actual reality）是目的（ends）。

汉斯·艾克特西斯（Hans Achterhuis）认为传统技术哲学，以乌托邦理想主义梦想开始，以理想破灭的技术悲观主义收场。艾克特西斯认为鲍格曼的技术哲学也难逃这一规则，只是鲍格曼的乌托邦理想主义成分较少，而经验实证主义的成分较多。①

可以看到，鲍格曼的三部学术著作起到了一石激起千层浪的作用。

---

① Phil Mullins. *Introduction*：*Getting a Grip on Holding on to Reality*. Techne6：1 fall 2002.

总结弗南德斯、图门、默林斯弗比克、艾克特西斯的评论，使我们认识到研究网络技术哲学离不开传统的哲学方法论，从上述几位学者的评论中，我们可以看出这些哲学方法论主要有技术与社会关系理论、异化（技术价值）理论、后现代主义理论、经验实证主义理论等。笔者探讨技术与社会关系理论，并在此基础上阐述技术价值二重性理论，应用技术价值二重性理论探讨网络技术的价值二重性问题，就是借鉴了美国学者的上述观点。此外，美国学者对网络虚拟现实与现实关系的研究成果也值得借鉴，因为只有认识到虚拟现实已成为人类实践的一个新领域，技术与社会环境的其他要素都可以纳入网络虚拟现实之中，才能清晰地认识网络技术价值二重性问题并提出恰当的解决方案。

（3）英国格雷厄姆的网络技术价值二重性研究成果述评

如果说鲍格曼采用了多种哲学方法论来研究网络技术哲学，那么，可以认为英国阿伯丁大学的教授戈登·格雷厄姆（Gordon Graham）主要是采用了技术价值论来研究网络技术哲学问题。格雷厄姆的专著《互联网——哲学的探究》（The internet：A Philosophical Inquiry）被誉为是第一本清楚明白阐述互联网社会影响的力著。全书由绪论和八章内容组成，八章内容分别是：技术悲观论者与技术乐观论者，网络技术是革命性技术吗，互联网的价值评估，互联网与民主，互联网与无政府状态、对互联网的管理，新出现的网络社区，虚拟现实——赛博空间的未来。贯串该书的一条主线就是技术价值与技术价值的二重性，比如，对某一项新技术的态度，由技术乐观论向技术悲观论的转变，表明人们对技术负向价值的认识有一个过程；从技术价值的角度分析，网络技术是革命性技术吗？如何评估和预测网络技术的正负向价值？网络技术弥补了代议民主制的缺陷同时也带来了数字鸿沟和网络安全问题；互联网既带来了无政府状态下的自由也带来了无政府状态下的混乱；运用技术、伦理、法律等方法综合管理互联网以消解网络技术的负向价值；互联网弘扬了个人权利但是也给政府基于地域的管理带来了冲击；如何应对未来的网络技术的价值二重性——与虚拟现实技术相融合的网络技术？

格雷厄姆的研究工作的借鉴意义主要是，可以应用技术价值理论来探讨网络技术的价值二重性问题，综合运用技术、伦理、法律等方法来消解网络技术的负向价值。格雷厄姆关注的视角主要是社会政治领域，而且没有深入分析产生网络技术价值二重性的原因。网络技术作为一种革命性技术，在自然生态、社会和人本层面都体现了价值二重性问题，所以，要在他提供的研究思路基础上，拓宽研究的视野，分析产生网络技术价值二重性的原因，并针对这些原因采取综合性的消解方法。

1.2.2.2　国内网络技术价值二重性已有研究成果述评

目前，笔者还没有看到国内学者从技术价值二重性的一般性理论出发去系统地研讨网络技术价值二重性的特殊性理论的研究成果，原因可能是，技术价值二重性的一般性理论的研究尚未完全成熟，运用该理论去研究其他具体的技术当然也就缺乏研究基础。国内学者主要是从受网络技术影响的社会层面和人本层面来研究网络技术的价值二重性问题，受网络技术影响的社会层面主要是网络经济和网络政治两大领域。

其实，网络技术虽然是一种对环境影响较小的"绿色技术"，但是由于网络技术是一种广泛应用的革命性技术，与网络技术应用相关的电子垃圾所造成的环境污染问题已经越来越严重了。有学者指出，国外电子信息产品的环保要求，已使我国电子信息产品的出口遭遇绿色壁垒的挑战。[①] 有学者提出，借鉴国外经验，应对电子垃圾污染环境和绿色壁垒问题。[②]

网络技术在社会层面的价值二重性主要体现在网络经济和网络政治两大领域。网络经济价值二重性和网络政治价值二重性的研究成果较多。有学者从网络化信息生产力的高度阐述了网络技术给社会经济带来的机遇与挑战，[③] 这里"机遇"可以理解为正向价值，"挑战"可以理解为负向价值。网络民主是网络政治领域中的一个热点问题。有

[①] 胡正群、王俭："积极应对欧盟电子绿色壁垒"，《中国检验检疫》，2005 年第 4 期，第 24~25 页。

[②] 张景波编译："国外废旧电子信息产品污染防治状况简介"，《信息技术与标准化》，2004 年第 8 期，第 37~41 页。

[③] 石玫："试论网络化信息生产力"，《情报杂志》，2003 年第 10 期，第 5~7 页。

学者指出，网络民主从根基上改变了支撑工业时代建立起来的国家集权和世界霸权的信息技术前提，使其成了集权和霸权的挑战者、消解器和掘墓者；网络民主还会引发多元文化之间、网络自由与网络规范之间的价值冲突。① 也有学者指出，网络民主是一定范围内的民主，是一种有限的民主。② 很多学者都认为，"数字鸿沟"和网络安全是影响网络经济和网络政治健康发展的两大问题。

技术哲学界主要关注的是网络技术在人本层面的价值二重性，网络技术对人类的认识与实践、伦理观念、审美意识、身心健康等方面的影响现已成为技术哲学重要的研究方向。有学者阐述了网络技术所带来了的人性异化的表现形式、分析了其成因，并提出运用人文理性价值观来整合工具理性价值观以消解这方面的人性异化。③还有学者从网络与生存的视角探讨了网络技术在人本层面的价值二重性。④

虽然没有以"网络技术正向价值的实现"为标题的研究成果，但是论述阻碍网络经济、网络政治发展的主客体因素，并针对这些主客体的因素采取相应对策的研究成果还是有的，只是这些研究成果都没有上升到技术与社会互动关系理论、技术价值二重性理论的技术哲学高度来研究这一问题。

综合运用技术、法律和伦理方法来消解网络技术负向价值是比较受到认可的消解模式。技术方法、法律方法和伦理方法的研究成果相当丰富。这是因为网络技术的发展与应用十分广泛，网络技术的负向价值特别是网络安全问题也日益严重，技术、法律和伦理方法是解决问题的重要方法，网络技术的广泛应用必然推动技术、法律和伦理方法的快速发展，相关的研究成果也就会相当丰富。以网络伦理为例，著作与论文像雨后春笋一样层出不穷，就笔者所知的著作有五部：严

① 邬琨："网络民主与极权体制之间的价值冲突"，《科学技术与辩证法》，2001 年第 5 期，第 1 ~ 3 页。
② 严小庆："透视网络民主的有限性"，《长白学刊》，2002 年第 2 期，第 18 ~ 21 页。
③ 刘玲媚："人网异化：异化的现代形式"，《探索》，2003 年第 3 期，第 66 ~ 68 页。
④ 巫汉祥：《寻找另类空间—网络与生存》，厦门大学出版社 2000 年版，第 19 页。

耕等著《网络伦理》、张震著《网络时代伦理》、李伦著《鼠标下的德行——网络伦理》、吕耀怀著《信息伦理学》、赵兴宏与毛牧然著《网络法律与伦理问题研究》。此外，王正平、吕耀怀、蒋爱华、张文杰等学者在《哲学研究》、《自然辩证法研究》、《科学、技术与辩证法》等哲学类核心期刊上发表多篇网络伦理方面的文章。

互联网出现的时间并不算长，然而我国学者在网络技术价值二重性问题上的研究成果却已十分丰富，这些成绩的取得与国家对哲学、社会科学的重视以及哲学、社会科学工作者的努力是分不开的。在借鉴这些研究成果的基础上，笔者认为还要做好以下几方面的研究工作：（1）由于国内学者大多都是从某一方面来研究网络技术价值二重性问题的，因此，研究成果缺乏系统性。所以，有必要在研究技术价值二重性的一般性理论的基础上，应用技术价值二重性的一般性理论系统地研讨网络技术价值二重性的特殊性理论问题。（2）总结现有的研究成果，"数字鸿沟"问题和网络安全问题是网络技术发展与应用的关键性问题。"数字鸿沟"问题涉及网络技术正向价值的实现问题，网络安全问题涉及网络技术负向价值的消解问题。所以，应当从技术与社会关系的理论出发，研究"数字鸿沟"问题和网络安全问题产生的原因，并针对这些原因采取相应的对策，协调网络技术正向价值的充分实现和负向价值的尽力消解，以应对网络技术所带来的机遇与挑战。（3）有必要将一些具体科学中的研究成果上升到技术哲学的高度来探讨，比如，一些学者分析了阻碍网络经济、网络政治发展的主客体因素，并针对这些主客体因素提出了相应的对策。那么，这些研究成果就给技术哲学工作者提出了问题，即如何从技术与社会关系的理论视角来归纳总结这些研究成果，使之上升到技术哲学的高度，并在技术哲学理论的指导下解决网络技术正向价值的实现问题？（4）消解网络技术负向价值的方法主要有技术、法律和伦理方法，国内学者大多侧重某一种方法的研究，而对于这三种方法之间关系的研究较少，所以，需要探讨为什么要综合运用技术、法律和伦理等方法来消解网络技术的负向价值以及这些消解方法之间的关系是怎样的？

1.3　研究工作的意义

1.3.1　理论意义

用一句话来概括笔者的研究工作，就是以技术与社会互动关系理论为视角，研究技术价值二重性的一般性理论问题，并在此基础上探讨网络技术价值二重性的特殊性理论问题。

由于技术与社会互动关系理论的研究正方兴未艾，与此相关，技术价值二重性理论并未完全成熟，需要进一步地开展研究工作。以下问题的探讨，具有一定的理论意义：（1）指导理论研究方向的马克思的技术价值二重性理论及其当代意义问题。（2）探讨技术价值二重性的一般性理论问题，具体包括以下问题：①探讨技术价值二重性的一般性理论的有机组成部分，②理解技术正向价值的实现问题，③理解技术负向价值的消解问题，④研究技术负向价值的分类问题并提出相应的消解途径问题，⑤探讨技术价值二重性的本质属性问题等。

网络技术价值二重性理论与技术价值二重性理论既有共性也有个性，探讨网络技术价值二重性的特殊性理论问题就是在共性基础上对个性问题的探讨，以下问题的探讨，具有一定的理论意义：（1）作为人类认识与实践新领域的网络虚拟现实，对网络技术价值二重性实现的影响问题，（2）最具关键性的网络技术负向价值实现问题，（3）网络技术价值二重性的产生原因问题，（4）网络技术正向（和负向）价值向更高发展阶段的实现问题，（5）网络技术负向价值的消解问题等。

1.3.2　现实意义

促使技术正向（和负向）价值向更高层次发展的主客观方面的对策，在保证技术正向价值充分实现的同时尽力消解技术负向价值的各种方法，为技术政策的制定和技术管理的实施提供了方法论依据，显然具有重要的现实意义。我国作为发展中国家，要充分借鉴西方发达国家工业化和后工业化过程中技术与社会交互作用具有普遍性的发展规律，更好地协调技术正向价值实现与技术负向价值实现的关系，尽量避免重蹈覆辙，在实现技术的正向价值之时，尽力减少技术负向价值的实现，加快工业化和后工业化过程，缩小与发达国家之间的差距，解决等距离追赶或者差距越来越大的技术鸿沟问题。

"数字鸿沟"问题和网络安全问题是网络技术最具关键性的两个负向价值实现问题。促使网络技术正向（和负向）价值向更高层次发展的主客观方面的对策，可以解决"数字鸿沟"问题。在保证网络技术正向价值充分实现的同时尽力消解网络技术负向价值的技术、法律、伦理等方法，可以解决网络安全问题。上述两大关键性问题的解决，对我国应对网络技术所带来的机遇与挑战，在知识经济时代提升我国的综合国力，实现中华民族的伟大复兴，显然也具有重要的现实意义。

第2章　技术价值二重性解读

本章，首先，阐述了价值与价值观的涵义、技术定义及其本质、以及技术价值论领域的争论；其次，解读了技术价值二重性，将技术价值二重性的一般性理论问题的研究分为层层衔接的四个主要部分：技术价值二重性表象、技术价值二重性析因、技术正向（负向）价值向更高发展阶段的实现、保证技术正向价值充分实现基础上的技术负向价值的尽力消解；最后，从对立统一关系理论、生产力与生产关系的理论等哲学视角对技术价值二重性的本质属性进行了探讨。

2.1　价值与价值观的涵义

2.1.1　价值的涵义

关于价值的学说，最远可以追溯到古希腊哲学，目前，价值哲学的体系也已形成。近年来，我国学者对价值哲学进行了较为深入的探讨和研究。目前理论界给价值下的定义主要有六种类型：一是用"需要"界定价值。二是用"意义"界定价值。三是用"属性"界定价值。四是用"劳动"界定价值。五是用"关系"界定价值。六是用"效应"界定价值。

笔者认为，上述六种观点都有其合理性，综合上述六种观点，笔者认为：价值就是客体与主体需求之间的一种特定关系，这种关系是由客体的属性为前提条件的，如果客体的自然属性与主体的劳动相结合，价值就是一种无差别的人类劳动。客体对主体也会产生反作用，这种反作用体现出客体给主体带来可预见或不可预见的效应,这些效应有些是正效应(对主体有积极意义),有些是负效应(对主体有消极意义)。

2.1.2 价值观的涵义

价值观就是主体对客体对主体需要满足情况的一种主观评价。价值观具有相对性,对于同一客体,不同的主体有不同的价值评价。由于客体对主体效应的展现是一个过程,主体的认识能力也是由浅入深,由片面到全面的一个过程,主体与客体的相互关系,在价值观层面,也体现了一个历史的发展过程。由于不同主体之间的价值观是一种对立统一的关系,那么从人类最基础性的关系——生产关系的视角来审视价值观,就会发现价值观的对立统一关系是生产关系发展变化的内在动因之一。

2.2 技术定义及其本质

2.2.1 技术定义的多元性

不同的学者,从不同的视角,给出了不同的技术定义。这些定义主要有:哲学意义上的定义、社会学意义上的定义、历史学意义上的定义、心理学意义上的定义、工程学意义上的定义等。

从价值观的视角,参照《哲学大辞典》技术的定义以及有关学者对技术的定义,笔者认为,技术的定义可以表述为:技术是作为主体的人基于其价值观,在改造客体的过程中,自觉或不自觉地运用了自然规律(自然科学和社会科学的知识),所采用的工具与方法,技术体现在主体创造一定价值或实现一定价值的劳动活动的过程之中。

从技术的定义可以看出:(1)技术是实现主体目的(end)的一种手段(means),(2)技术是由技术硬件(工具)和技术软件(方法)所组成的一个完整的技术系统。(3)技术体现在人类劳动实践活动的过程之中,是处于价值观对立统一关系的主体运用技术来改造客体(自然、社会和人自身)的能动的物质性实践活动。

2.2.2　技术本质的再解析

同技术定义的多元性一样，不同的技术哲学家对技术的本质也有不同的理解，① 限于篇幅及笔者研究工作的侧重点，在此就不一一介绍了。笔者认为，应当在把握马克思主义关于"技术是人与自然的中介"② 的基础上来解析技术的本质。技术是主体作用与客体（自然、社会和人本身）的中介物，属于生产力的范畴。在主体应用技术改造客体之时，客体对主体的反作用，相对于主体的价值取向而言，就是客体对主体的效应价值，包括符合主体价值取向的需求价值，主体可以预见与不可以预见的正负面效应价值。人们对于主体不可预见的负面价值认识之后，意识到人类主体对客观规律认识上的局限性，领悟了主体应用技术改造客体必须符合主客体的内在规律性，才能实现自然、社会与人自身的和谐与可持续发展的道理。由于主体价值观的相对性，需求价值与可预见的正负面效应价值体现为主体价值观上的对立统一关系，这种对立统一关系所引发的矛盾运动必然引起生产关系领域中的变革，生产关系领域中的变革又会建构并整合作为第一生产力的技术，使技术体现为一个不断发展的过程。综上所述，笔者认为：技术在本质上是处于价值观对立统一关系的主体的人试图认识主客体内在规律并顺应主客体内在规律的要求能动改革客体（自然、社会和人本身）的过程与手段。

2.3　技术价值论探析

2.3.1　有关技术价值论的探讨

人们对于技术应用会产生正负面后果（价值）一般没有争议，但

---

① 陈凡、张明国：《解析技术》，福建人民出版社 2002 年版，第 61～95、61～95、78～95、289 页。

② 同上。

在技术本身是否有价值属性问题上，有两种观点，① 到目前为止，这两种观点还处在激烈的探讨之中。一种观点是技术中立论，另一种观点是技术价值论。

技术中立论认为，技术本身只是一种工具性的手段，技术在政治上、伦理上和文化上是中性的，技术可以服务于任何目的，技术本身不能从好坏、善恶来衡量，技术好坏、善恶的价值判断只有在技术应用于社会目的后才能表现出来。H. 萨克塞认为"由于技术只是方法、只是工具，技术行为目的的问题总是存在于技术之外。"② 柯利（Mike Kelly）也认为："技术本身不负载价值，而是在技术使用中，人的思想意识和经济利益导致了技术的价值负载。"③

技术中立论提出以下四个理由来支持其观点：（1）技术作为一种纯粹的手段，可以被应用于任何目的；（2）技术与政治之间无关联，对于任何社会形态都是一样的；（3）技术的社会—政治中立性归因于它的"理性"特征和它所体现的真理普遍性；（4）任何一种情况下的技术，都是以其相同的效用标准来体现它的本质的。④

随着技术的发展，技术价值论的观点，即认为技术本身是负荷价值的，逐渐引起人们的重视。技术价值论认为技术本身并非是一种中性的手段，他负荷着特定社会中作为主体的人的价值，技术本身可以用好坏、善恶来衡量。比如辛普森（L. Simpson）认为，"技术本身并非是价值中立的，技术拥有自身特定的价值。"⑤ 凯姆蓬（Michael G Campion）也认为，"技术之所以是非中立的，是因为它体现了人类潜在的或故意隐藏的价值，在所有的善的动机中的一个动机，就是使真

---

① 陈昌曙：《自然辩证法概论新编》，东北大学出版社 2000 年版，第 289、309 页。

② ［德］H. 萨克塞：《生态哲学》，东方出版中心 1991 年版，第 289 页。

③ Mile Kelly：*The Technology of Uselessness*［EB/OL］，http：//www. Pd. Org/ topos/ perforations/ perf6/ useless. Tech. Html, 2004－11－04

④ Feenberg A：*Critical Theory of Technology*，New York，Oxford：Oxford University Press. 1991. 5－6，5－14.

⑤ Lorenzo Simpson：*Conversations with Technology, Modernity, and Postmodernity: Some Critical Reflections*［EB/OL］，http：//www. gseis. Ucla. edu/ research/ kellner/ perf6/ sim. Html, 2004－11－06

正的价值本质体现在技术的不同形式中"。① 技术价值论主要表现为社会建构论（social constructivism）和技术决定论（technological determinism）两种理论观点，其中技术决定论又有乐观主义技术决定论和悲观主义技术决定论之分。

社会建构论认为，技术发展受制于特定的社会环境，技术活动受到技术主体的利益、文化选择、价值取向和权利格局等社会因素的决定，也就是说，在现实的技术活动中，技术的产生及其社会应用的程度受制于技术主体的政治军事利益、经济利益、传统文化观念、国家干预、伦理价值的取向等社会因素。技术创新、发展与社会应用是相关社会群体价值妥协和利益制衡的结果，而社会中占主导地位的利益群体的价值观念与利益导向在技术的社会建构过程中起着决定性的作用。

技术决定论强调技术的自主性和独立性，把技术视为一种自主控制社会和人的力量。"技术现象已成为现代社会的显著特征"，"无论我们认为技术是好的还是坏的，技术都继续向前发展，并一如既往征服人类"，所以"技术也将成为一种自主的技术"②；"技术构成了一种新的文化体系，这种文化体系又构建了整个社会"。③ 技术决定论过分强调技术作为自主的力量对其他社会要素的决定作用，而忽视了其他社会要素对技术的制约作用。乐观主义技术决定论认为，技术是科学的应用，科技进步带来了更多的可能性和更高的效率，技术进步表现出类似生物进化的历史的必然趋势，一切技术应用所带来的负面效应，将为科技的进一步发展所克服，科技发展最终将促成道德伦理体系的新陈代谢。悲观主义技术决定论认为，技术在本质上是一种非人道的价值取向，技术已经控制了人类，使世界未被技术方式展示的其他内在价值和意义受到遮蔽，技术给人类带来的只是"一事如意，事事失望"。

---

① Campion M. G: *Technophilia and Technophobia* [EB/OL], http://cleo. murdoch. edu. au/ aset/ ajet/ ajet5/ wi89 p23. html, 2004 - 12 - 09

② Ellul J: *Technology Society*, Trans, John Wilkinson. New York: Alfred A. Knopf. 1964. 14.

③ Winner L: *Autonomous Technology*, Cambridge, Mass: MIT Press. 1977. 10 - 59

2.3.2　技术价值论解析

有观点认为，技术中立论和技术价值论都是对技术的自然属性和社会属性的割裂，表现为一种割裂的技术价值观。① 其实，技术是由技术自然属性与社会属性共同构成的矛盾统一体。技术中立论只是承认技术具有不包含任何价值判断的自然属性，而否认技术本身包含有价值判断的社会属性；技术价值论只是承认技术包含有负荷价值判断的社会属性，而忽视了技术具有不含任何价值判断的自然属性。因此，技术中立论和技术价值论都是片面的观点，他们都只看到了技术的某一方面的属性，而没有将这两方面的属性统一起来，克服二者的片面性，就会发现：技术是由技术自然属性与社会属性共同构成的矛盾统一体。芬伯格就试图寻找一个具有自然属性和社会属性的"交叉域"（interaction），并试图用"技术编码"和"人类控制"来区分技术的自然属性和社会属性。芬伯格说："技术理性的主要形式既不是一种意识形态，也不是一种由技术本质所决定的中性要求，而是表现为意识形态与技术之间的'交叉域'，这种'交叉域'就是'技术编码'和'人类控制'的统一。"②

远德玉教授在陈昌曙教授主编的《自然辩证法概论新编》一书中对技术形态的演化模式做出了如下表述：

（1）科学原理（自然规律性）+目的性→技术原理（合目的的自然规律性）；

（2）技术原理+功效性→技术发明（技术可能性实现）；

（3）技术发明+经济、社会性→生产技术（社会经济可行性实现）。

从技术与价值的关系视角来看，工程师、设计师或其所在单位对技术原理、技术发明的构思与设计体现为技术潜在价值的创造过程。

---

① Heidegger M：*Question Concerning Technology*，trans. w. Lovitt. New York：Harper and Row. 1997. 17.

② Feenberg A：*Critical Theory of Technology*，New York，Oxford：Oxford University Press. 1991. 5－6，5－14.

从技术潜在价值到现实价值的创造过程，体现为交叉融合的两个过程，一是，工程师、设计师或其所在单位对技术发明进行技术创新，使技术发明转变为生产技术，同时也完成了技术的新的潜在价值的创造；二是，企业家、投资商通过组织创新和管理创新，使技术成为商品形态的技术并被社会相关主体所应用和消费。相关主体对技术进行应用和消费，即将技术作为一种能动的手段作用于人们试图改造的客体（自然、社会和人本身），就使技术的潜在价值转化为现实价值。技术的现实价值包括技术的显在价值和技术的不期正负价值。技术的显在价值又包括技术的需求价值和技术的正负预期价值。生产技术经过企业家、投资商等的组织创新和管理创新之后，使技术成为商品形态的技术并被社会相关主体所应用和消费，使作为主体的人应用技术作用于客体，客体对主体的反作用产生了符合主体价值取向的正价值，就实现了技术的需求价值；主体使用技术客体作用于客体（自然、社会和人本身），客体（自然、社会和人本身）对主体的反作用，相对于主体的价值取向，会有正负面的效应价值，如果主体能够预见这种正负面的效应价值，这就是技术的正负预期价值；如果主体不能够预见这种正负面的效应价值，这就是技术的不期正负价值。相对于主体的价值取向，预期负面价值和不期负面价值即是技术异化。从技术的潜在价值到现实价值（新的潜在价值），从新的潜在价值再到新的技术的现实价值，循环往复，以至无穷，体现了技术价值的演化模式。

从远德玉教授对技术形态的演化模式的表述可以看到，"技术本身"不是静态的，而是一个动态发展的过程。从科学原理转化为技术原理，加入了技术主体的目的性；从技术原理转化为技术发明，加入了技术主体的功效性；从技术发明转化为生产技术，又加入了技术主体的经济、社会性。这里的"目的性"、"功效性"和"经济、社会性"都体现出技术主体的价值取向，即技术主体的欲望、需求、意志、目的、好恶等。技术主体的价值取向表现为技术的社会属性，这些具有社会属性的价值取向与技术的自然属性相结合，就创造了技术的潜在价值和现实价值。

创造技术的潜在价值和现实价值的主体价值取向主要有政治军事

的需求和经济的需求，这两类需求是技术价值负荷的重要组成部分。政治军事需求是技术价值创造的重要心理动力。许多尖端技术都产生于人类的政治军事方面的需求，并通过军用转民用进一步满足人类的经济需求。各个国家为了在国际政治舞台上占有优势地位，都大力开发公共技术、军事技术等个别企业难以承担的大型技术项目，诸如水利工程技术、海洋工程技术、核工业技术、航天技术、网络技术等。对于一般的技术，国家也通过科技立法与执法、司法活动为技术发明提供政策法律环境，保障国家科技、经济的繁荣，并保持政治形势的稳定。

技术现实价值的实现以及实现的程度必须以技术为社会所用为前提。技术能否为社会所用、以及应用的程度当然也是基于社会需求的。产业技术出现后，由于技术使人们潜在的需求成为可能，或者技术使人们产生新的社会需求，或者技术使人们得以更加经济便利的方式来满足固有的需求，这些需求促使某项具体的产业技术在社会中能够得到应用；而那些不能满足人们需求的产业技术就如昙花一现一样产生不久即退出历史舞台，或者在新的历史条件下重新被人们所启用。比如，飞行器技术能够满足人们潜在的需求，微波烹饪技术能够使人们固有的需求以更加经济和便利的方式得到满足，而电视技术则使人们产生了新的需求。许多产业技术，由于相关技术不成熟、或者生产成本较高、或者由于人们保守的观念，产生不久即退出历史舞台；在上述情况发生变化后，会在新的历史条件下重新被人们所启用，比如，电视技术就属于这种情况。

由此可见，无论潜在价值的创造，还是现实价值的实现，主体价值取向的社会属性都与技术的自然属性紧密地结合在一起。技术中立论所承认的技术的自然属性与技术价值论所承认的技术的社会属性统一与"技术本身"的形态演化与技术价值形态演化的动态过程之中。

2.4 技术价值二重性的一般性理论

技术价值二重性的一般性理论，就是继承并发扬马克思的技术价值二重性理论，并以马克思的技术价值二重性理论所确立的理论方向和评判标准（当然这一评判标准的真理性也需要实践的检验），批判地吸收各种价值二重性理论，以技术价值二重性的含义为基点，透过人类社会不同发展阶段的技术价值二重性的表象①，分析技术价值二重性产生的主客体原因②，探讨影响技术正向（和负向）价值向更高发展阶段实现的主客体因素以及相应对策③，在保证技术正向价值充分实现的基础上尽力消解技术的负向价值实现④，最后对技术价值二重性的本质属性进行哲学反思，所建构的一个笔者视角中的当代马克思主义的技术价值二重性理论。（上面标有①②③④的，是该理论的核心部分，由此推导出组成网络技术价值二重性的特殊性理论的 3 章、4章、5 章和 6 章）

2.4.1　技术价值二重性含义

技术价值二重性是主体从其利益和需求出发，对技术现实价值的正负向实现的评价。技术价值是技术潜在价值与现实价值的统一，技术的潜在价值只有转化为现实价值，才能满足主体的需求并对主体产生正面或负面的效应。因此对于主体而言，对于技术潜在价值的正负面价值可以预测，而不能进行现实的评价。因此，技术价值的二重性是主体对技术现实价值二重性的评价。技术现实价值是技术显在价值（需求价值、正负预期价值）和技术不期价值的统一。技术现实价值的二重性似乎是一种不证自明的社会现象，一种客观规律，追问其根源，它是主客体对立统一关系、主体自身以及主体之间价值观对立统一关系的具体体现。

由于技术的需求价值是技术主体所积极追求的，因而对于积极追求它的技术需求价值主体而言，需求价值是现实价值的正向实现，技术需求价值主体一般也能够预见技术的正负预期价值，所以从技术需求价值主体的视角来看，能够对技术的价值二重性进行评价。

技术的不期价值是技术需求价值主体所不能预见的；技术的不期价值既可能对技术需求价值主体产生影响，也可能对需求价值主体以外的其他价值主体产生影响，因而对技术的不期价值是无法进行评价的，人类要对技术的不期负价值付出试错成本。

2.4.2 技术价值二重性表象

技术价值二重性表象是指在自然生态层面、社会关系层面和人本层面，技术正负向价值的具体体现。

技术价值二重性的具体体现，显然包括技术价值的正向实现和技术价值的负向实现，或者技术应用的正面效应和技术应用的负面效应两种类型。由于技术应用的负面效应问题日益严重，许多学者从异化理论视角对技术应用的负面效应展开了研究，专门研究技术负面效应的一个研究领域——技术异化问题的研究就出现了。虽然学者们对技术异化概念的阐释并不十分一致，"技术负面效应"与"技术异化"二者含义本来是不尽相同的，但一般情况下，学者们使用的"技术异化"概念与"技术负面效应"基本上是在等同语义上使用的。笔者赞同从技术价值二重性的视角来理解技术异化，把技术异化等同于技术价值的负向实现、技术应用的负面效应。技术异化是指，人类在利用技术改造、控制客体（自然、社会和人本身）而满足自己需要的过程中（体现为技术价值的正向实现或技术应用的正面效应），与此相伴而生的技术价值的负向实现或技术应用的负面效应。

2.4.2.1 自然生态层面的技术价值二重性

技术在自然生态层面的价值二重性，是从人类改造自然的能力（生产力）的角度，审视人类能动地应用技术改造自然生态满足自己的需求，自然生态的改变给人类带来的正负面影响。

人类应用技术改造自然生态，使自然生态按照人类的价值取向发生变化，体现为在天然自然的基础上人工自然的产生与发展的历史过程。"科学技术是第一生产力"，科学技术的价值就体现为人类营造人工自然满足自身需求的能力，以生产力的发展为标志，人类已经经历了石器时代、青铜器时代、铁器时代、蒸汽机时代、电动机时代、原子能时代、计算机网络信息时代，这一历史过程表明了人类对自然生态中的物质、能量和信息的应用能力在逐渐提高。人工自然生态环境的营造反映了人的目的性和价值取向，表明天然自然对人工自然的恩赐，这是人工自然与天然自然统一的一面，是技术正价值的创造和实现过程。

当然，天然自然与人工自然也有对立的一面，这就体现为技术现实价值的负向实现，也表明天然自然对人工自然的惩罚。一方面，人工自然中的资源、能源和信息的储量是有一定限度的，人工自然和天然自然系统对"垃圾"的吸收能力也是有一定限度的；另一方面，由于人类认识能力的局限性以及人类失当的价值观，人类在营造人工自然满足自身需求的同时，也破坏了人类赖以生存的天然自然生态环境，具体表现为环境污染、生态失衡、资源和能源危机、人口膨胀等。从主体的人的价值观的角度来看，这是技术负价值的实现过程。

2.4.2.2　社会关系层面的技术价值二重性

技术在社会关系层面的价值二重性，是从人类组成一定的社会关系应用技术以改造自然的角度，审视生产力和科学技术的发展，对人类社会关系产生的正负面影响。

科学技术和生产力水平的提高，必然引起生产关系的变革，进而引起上层建筑的变革，导致社会形态的变更，从社会形态的角度看，迄今为止人类已经经历了奴隶社会、封建社会、资本主义社会、社会主义社会等社会形态的发展。在科学技术的推动下，引起了社会经济结构的深刻变革，这种社会结构的变革以产业结构、劳动方式和生活方式的变革为主要标志。人类的产业结构长期处于满足人们物质需要为主要内容的第一产业（农业）和第二产业（工业）的阶段，随着科学技术的进步，进入以满足人们精神需求的第三产业（服务业）的阶段。20 世纪 50 年代以来，又从第三产业分化出了第四产业（知识产业或信息产业），并且越来越占据主导地位，知识经济已初露端倪。人类社会日益由劳动密集型产业和资金密集型产业向技术密集和知识密集型产业发展。产业结构的变化必然引起劳动方式发生相应的变化。从事物质生产的人数相对减少，而从事非物质生产的人数则相应增多，工程技术和企业管理的人员从直接生产中分离出来，智力变成资本支配劳动的权力。在现代科学技术条件下，人们不但用机器代替自己的体力劳动，而且通过电子计算机等，逐渐代替一部分脑力劳动。知识分子在物质生产部门中的比重日益增多，知识分子又分化为知识白领和知识蓝领。科学技术上的发明创造，不但改变着人们的衣食住行等物质生活的内容和方式，而且也改变着人们的思想、感情等精神生活的内容和方式。科学技术的进步在客观上推动人类建立和形成文明、健康、科学的生活方式。科学技术，特别是媒体技术，大大推动了政治民主化进程，民主选举、民主决策、民主管理、民主监督，使社会公众享有了更多的知情权和参与权。

科学技术的进步也引起了各国综合国力发展的不平衡，为了争夺有限的自然资源，爆发了两次世界大战，局部战争也从来没有停止过。随着人类生态意识的增强，技术发达国家将落后的技术转移到技术不发达国家，在攫取利润的同时也转移了生态危机，造成了这些国家的高能耗、高污染和低效益。技术理性的膨胀在政治领域体现为"技术治国论"，技术的可能性遮蔽了技术的目的性，使许多社会公众成为技术发展的牺牲品。技术作为一把双刃剑，也为专制集权统治提供了有力的工具，一些国家的政府操纵媒体，愚弄公众、混淆是非，剥夺公众的知情权和参与权，以实现他们不可告人的目的。

2.4.2.3　人本层面的技术价值二重性

技术在人本层面的价值二重性，是技术在人类认识能力、伦理观念、审美意识、身心健康等生理、精神领域中的正负面价值实现。

随着科学技术的发展，人类的思维方式从古代朴素辩证的思维方式，发展到近代形而上学的思维方式，在19世纪40年代又发展到辩证的思维方式。广播、电视和网络技术的发展，使文化科技知识得到了广泛的传播，也使得更多的人能够受到比他们上一辈更高的教育程度。科学技术本身是革命的力量，它的每一个重大发现和发明，都是对旧的伦理道德观念的冲击，促使人们的道德观念发生巨大改变。近代科学技术的发展，使生命伦理、生态伦理、宇宙伦理、网络伦理等科技伦理得以产生并得到快速发展。凡是真的便也是美的，科学技术也提高了人们的审美意识，媒体技术的普及，使艺术与大众相融合，提升了整个社会的审美素质。此外，科学技术改善了人们的居住条件，提高了人类的平均寿命，缩短了人们的劳动时间，丰富了人们的文化生活，为人们的身心健康提供了丰富的物质条件。

　　然而，影视技术、计算机技术、多媒体技术和虚拟现实技术也减少了人们亲身实践的时间，削弱了人们的想象力和创造力，使青少年的书写能力和计算能力大为下降，大量的有害信息、垃圾信息不仅毒害了人们的灵魂，也浪费了人们宝贵的时间，受科技手段的影响，人们认识世界的能力在某些方面实际上出现了退化的现象。伴随科学技术对全社会道德观念的提升，也使得利用科学技术实施不道德的违法犯罪行为更加猖獗，科学技术被滥用甚至恶用，不道德的、违法的和犯罪的行为充斥着整个社会，一些人成为只有物质生活而没有精神生活的"单向度"的人。机械化批量生产的各种消费品，虽然实现了价廉物美，但是缺乏个性、新意，使人们的审美意识趋同单一；艺术的商业化、体育的商业化，也导致了人们审美意识的单调化、低俗化倾向。伴随着科学技术的发展，出现了许多损害身心健康的消极现象。人成了机器的附属物，给人们带来了心理上的苦恼。在现代科技条件下的工作方式，人只能同机器、仪表等打交道，造成了现实人际关系的冷漠。移动电话的使用与脑瘤发病率增加的相关性，最近已引起几个国家科技工作者的关注。现代文明社会的"副产品"——高技术"职业病"，它是超生理和心理承受能力造成的"紧张状态症"、"心弦过紧症"、"精神紊乱症"。现代科技使人类的力量越来越大，而作为个体的人则在逐步退化，作为生物的人的诸如视觉、听觉、身体灵敏度等本能的东西正在弱化甚至丧失，科技的飞速发展反过来造成了人本的异化。

2.4.3　技术价值二重性析因

　　根据技术与社会互动关系的理论，技术与社会环境中其他因素是一种相互作用的对立统一关系，相互作用的过程与结果，就体现为技术在自然生态、社会和人本层面正负向价值的实现。社会环境中其他因素包括客体性因素和主体性因素。社会环境中的客体性因素主要有由天然自然和人工自然所组成的经济地理环境、受一国现有生产力水平所决定的技术体系的现实状况（比如技术系统的结构、属性和功能）、技术应用境域的多样性等；社会环境中的主体性因素主要有社会制度、政府的管理体制和技术创造主体和技术应用主体的价值观念等。技术与社会环境中客体性因素相互作用的对立统一关系，是技术价值二重性客体性原因据以形成的根据；技术与社会环境中主体性因素相互作用的对立统一关系，是技术价值二重性主体性原因据以形成的根据。

2.4.3.1　导致技术价值二重性的客体性原因

（1）技术主体与客体的相互作用

技术主体应用技术客体作用于客体（客观世界），客体对技术主体会产生能预见和不能预见的反作用，相对于技术主体的价值取向，这种反作用的结果，既有正向价值的实现又有负向价值的实现。

技术主体应用技术客体作用于客体（客观世界），客体对主体的反作用，从主体价值观的角度来看，包括技术主体能够预见和不能预见的效应价值，效应价值包括正效应价值和负效应价值。这样，技术价值的二重性就产生了。埃及阿斯旺大坝的修建与应用，给人们带来的能够预见和不能预见的正负面价值，就是一个极好的例子。1967 年正式完工的埃及阿斯旺大坝，成为当时世界上最大的高坝工程，将尼罗河拦腰切断，在高坝内形成了一个巨大水库——纳赛尔湖。当时的预期修建目标也都一一实现了：大坝水库的巨大容量不仅调节了下游流量，防止了尼罗河水泛滥，还利用蓄积的水量扩大了灌溉面积，近 100 万 hm^2 的沙漠被开垦成可耕地。同时，大坝电站每年发电 80 亿 kWh，解决了埃及的能源短缺问题。然而，由于当时人们认识上的局限，低估了水库库区淤积的严重性。由于泥沙的自然淤积，导致水库的储水量下降。更为严重的是，人们还忽视了大坝对生态和环境的影响，大坝建成后仅 20 多年，工程的负面作用就逐渐显现出来。大坝工程造成了沿河流域可耕地的土质肥力持续下降，尼罗河两岸出现了土壤盐碱化；库区及水库下游的尼罗河水质恶化，附近居民的健康受到危害；河水性质的改变使水生植物到处蔓延，不仅蒸发掉大量河水，还堵塞了河道、灌渠；……这些当初未预见到的后果不仅使沿岸流域的生态和环境持续恶化，而且还给全国的经济社会发展带来了负面影响。

客体对技术主体会产生能预见和不能预见的正负价值这一规律，产生的原因是什么？对此，有学者从人工自然与天然自然的关系角度分析了这一规律。"人工自然中的创造物无一不是通过技术从天然自然中吸取低熵的物质和能量而得以产生，同时却把高熵的废物垃圾排给天然自然。所以人工自然中的技术创造物的存在就是天然自然中物质存在状态的异化。"① 亦即，人们在应用技术手段营造人工自然追求技术的正向价值的同时，环境的破坏和资源的耗费等负向价值也会不可避免地产生，这个结果是不以人们意志为转移而客观存在的。拉普认为，技术异化是现代技术世界的特征，这种异化的根源在于技术程序本身的性质，现代技术服务的代价就包括了一定程度的异化。②

（2）技术客体的相对独立性

技术客体一经产生，对于技术主体而言，就有其相对的独立性。具体而言，技术客体的结构、属性、功能等的独立性，使技术客体作用于主体改造的客体（客观世界）之时，除了产生满足主体需求的正价值，还会产生有悖主体价值取向的负价值。

现代技术的一个突出特点就是结构的网络化，比如：汽车技术就是由汽车生产技术、售后服务技术、道路设施技术以及交通管理技术等组成的技术网络系统。合理的网络化技术结构，有助于技术正向价值的实现。但是，技术的网络化存在，使得网络上某一技术子系统上出现的错误，就会破坏整个技术系统的结构和功能，造成毁灭性的灾难。技术是自然属性与社会属性的统一体，技术的自然属性是产生技术价值二重性的客体方面的原因之一。比如，利用核技术的自然属性可以获得大量的能量，但是核废料则会严重地污染环境。技术作为一个系统，有一定的结构、属性，也就有一定的功能。③ 一般来说，技术的功能是为技术主体服务的，但是相对于技术主体的价值取向而言，技术功能并不完全表现

---

① 李世雁："自然中的技术异化"，《自然辩证法研究》，2001 年第 3 期，第 24～26页。

② F. 拉普：《技术哲学导论》，刘武等译，辽宁科学技术出版社 1986 年版，第 146～147 页。

③ 郭冲辰：《技术异化论》，东北大学出版社 2004 年版，第 160、165、169～183 页。

为正价值,它在展现其功能正价值之时,也必然从另一方面实现其负价值,技术的正负价值具有共生性。① 比如:汽车技术便利了人们的交往,繁荣了全球经济,实现了其功能的正价值;但空气污染、交通拥堵与人员伤亡,则是其功能的负向价值的必然实现。

（3） 技术应用境域的多样性

技术客体一经产生,不仅会被技术创造主体所应用,也会被其他主体所应用。由于不同的技术应用主体所处社会环境的多样性、持有价值观念的多样性,这样就形成了技术应用境域的多样性。由于技术应用境域的多样性,相对于技术创造主体的价值取向,应用的结果,就可能是能预见或不能预见的正负面价值实现。

因此,技术创造主体一旦将技术客体公之于众,该技术客体的应用所产生的后果,技术创造主体就难以预见了。相对于技术创造主体的价值取向,应用的结果可能是正向的,也可能是负向的,这就体现为技术价值的二重性。

2.4.3.2　导致技术价值二重性的主体性原因

（1） 社会制度

马克思对于技术价值二重性理论的主要贡献在于：①将技术价值二重性理论建立在辩证唯物主义和历史唯物主义的哲学基础上。②明确指出,资本主义社会制度是技术负向价值产生的根源,变革社会制度是消解技术负向价值的根本有效途径。马克思通过揭示资本主义生产的秘密,创立了科学的剩余价值论,指出技术价值的二重性体现在创造剩余价值的劳动过程的两个方面之中,站在历史唯物主义的视野上,对技术价值的二重性进行了科学的分析。劳动在很大程度上就是技术的研发与应用过程,马克思的劳动价值论可视为马克思的技术价值论。马克思区分了异化和对象化,揭示了劳动价值和技术价值的二重性。马克思指出,在资本主义和已往其他人剥削人的社会制度中,"劳动所生产的对象,即劳动的产品,作为一种异己的存在物,作为不依赖于生产者的力量,同劳动相对立。"② 这就是说,劳动（技术）的

---

① 郭冲辰:《技术异化论》,东北大学出版社 2004 年版,第 160、165、169～183 页。

② 马克思、恩格斯:《马克思恩格斯选集》第 42 卷,人民出版社 1972 年版,第 91 页。

对象化是劳动（技术）的肯定方面，它不是对人的否定，而是对人的肯定；劳动（技术）的异化是劳动（技术）的否定方面，对于劳动者而言，劳动（技术）的异化是劳动（技术）价值的负向实现。这是因为，在资本主义生产关系下，劳动（应用技术所生产的）产品不仅不归劳动者所有，反而成为压迫、奴役劳动者的异己力量。扬弃劳动（技术）异化，不是取消一切劳动（技术），而是取消劳动（技术）的否定方面，而保留其肯定方面。劳动（技术）异化在不同历史阶段有不同的表现，在社会主义社会和未来的共产主义社会，劳动（技术）异化主要体现在劳动的自然方面，即由于人们认识能力的局限性而产生的劳动（技术）异化，在社会方面的劳动（技术）异化将最大限度地得到克服，但由于体制、机制等方面的原因，劳动（技术）异化仍会存在。劳动（技术）异化虽然是消极的方面，但是它的存在也具有历史必然性，正是伴随技术正向价值实现的技术异化的不断产生与克服，社会才逐渐从低级走向高级。只要人类存在一天，劳动（技术）异化也将伴随人类存在一天。

（2）各国政府对科技活动的干预

各个国家的政府为了本国在国际舞台上占有优势地位，都大力扶持开发个别企业难以承担的大型技术项目，诸如水利工程技术、海洋工程技术、核工业技术、航天技术、网络技术等。为了保障国家科技、经济的繁荣，并保持政治形势的稳定，各国政府也为企业、科技人员等技术创造主体提供政策法律环境。政府的扶持以及政策法律环境的提供，由于偏重技术的经济和政治军事价值，而忽视技术的生态价值和社会人文价值，从而导致技术价值的二重性现象的出现。此外，政府的科技管理服务理念和科技管理服务的组织与决策机制、组织结构、管理服务水平、科技立法等因素，也是导致技术价值二重性产生的原因。

（3）技术创造主体的价值观

当今世界，主要发达国家都是资本主义国家，各国综合国力的竞争十分激烈，霸权主义与反霸权主义的斗争愈演愈烈。科学技术无疑是国际竞争的有力武器，科技创新已成为国际竞争的重要手段。技术创造主体主要是在各国政府科技政策干预下的企业、科研院所等。资本主义对外推行霸权主义，对内剥削劳动者的剩余价值，必然使资本主义国家政府要求技术创造主体按照失当的技术价值观投身技术创新工作。失当的技术价值观主要包括纯粹智力型技术价值观、工具理性主义技术价值观和社会功利主义技术价值观。这些失当的技术价值观成为技术价值二重性产生的主体性原因。① 纯粹智力型技术价值观，是指一些技术创造主体仅仅依据技术是否符合自然科学规律而对技术进行判断和评价，而不考虑技术作为一种手段所带来后果的善与恶。技术手段带来的善的后果，体现为技术价值的正向实现；技术手段带来的恶的后果，体现为技术价值的负向实现。工具理性主义技术价值观，是指一些技术创造主体将技术作为实现人类目的的一种手段，认为凡是技术上能够做的都应该做，不关心目的本身是否合理的一种失当的技术价值观。如果技术创造的目的为善，体现为技术价值的正向实现；如果技术创造的目的为恶，体现为技术价值的负向实现。社会功利主义技术价值观，是指一些技术创造主体只是着眼于技术局部的、眼前的、直接的、利己主义的经济和政治军事方面的价值，而忽视技术全局的、长期的、间接的、符合社会公众利益的自然生态、社会人文等方面价值的一种失当的技术价值观。在社会功利主义价值观指导下的技术创造活动，在实现技术在经济和政治军事方面的正向价值的同时，必然导致技术在自然生态、社会人文方面的负向价值实现。社会主义制度本身为克服失当的技术价值观提供了制度保障，但是社会主义制度又都是建立在物质文化基础相对薄弱的国家之中，由于认识能力的局限性以及国家管理社会能力的局限性，上述失当的技术价值观在社会主义国家也有所体现。

（4）技术应用主体的价值观

一些技术应用主体失当的技术价值观，如社会功利主义技术价值观和工具理性主义技术价值观，也是技术价值二重性产生的主体性原因。笔者认为，社会功利主义技术价值观和工具理性主义技术价值观，

---

① 郭冲辰：《技术异化论》，东北大学出版社 2004 年版，第 160、165、169~183 页。

其本质都是过分强调个人的、小集体的利益，而忽视他人利益和社会公众利益的技术价值观。相对于技术应用主体的价值取向，技术的应用一方面满足了个人和小集体的利益，体现为技术应用的正向价值；但是技术的应用在另一方面则损害了他人利益和社会公众利益，体现为技术应用的负向价值。

值得注意的是，技术价值二重性具有相对性。相对于特定的技术主体，讨论技术价值二重性才有意义。资本家与工人、发达国家的政府与发展中国家的政府、科技强国与科技弱国，对于技术价值二重性的理解是不同的，甚至是对立的。

2.4.4　技术正向价值的实现

技术正向价值的实现关乎一个国家经济、社会以及主权的兴衰荣辱，意义十分重大。技术正向价值的充分实现，要求我们在认清影响技术正向价值实现的主、客体因素的基础上，采取相应的对策。可以用图 2-1 形象地表述一下这部分的内容。

技术正向价值实现（当然与此相伴也会有负向价值的实现）的问题涉及一个目前学术界正在争议的一个问题，即技术与社会的关系问题。在这个问题上大体可分为三种观点，即技术决定论、社会制约论、技术与社会互动论。技术决定论强调技术的自主性和独立性，把技术看成是人类无法控制的力量，认为技术能直接主宰社会的命运。社会制约论认为，技术的产生、发展及其社会应用的程度受制于技术所处的社会环境。技术与社会互动论，既承认技术对社会产生影响，也承认社会对技术能够起到某种制约或建构作用。关于马克思或者马克思主义技术观归属于上述那一种理论，理论界还存在争议。笔者赞同将马克思或者马克思主义技术观归属于技术与社会互动论。马克思主义技术价值观认为，技术与社会环境中主客体因素有其各自的独立性，它们都处于人类物质性实践活动的社会大系统之中，相互之间具有作用与反作用的互动关系，共同服务于人类在自然生态、社会和人本层面的价值需求。

笔者认为，技术决定论片面夸大了技术对社会的决定作用，而忽

```
┌─────────────────────────────────────┐
│     技 术 正 向 价 值 实 现 的 意 义      │
└─────────────────────────────────────┘
┌─────────────────────────────────────┐
│  影响技术正向价值实现的主客体因素          │
└─────────────────────────────────────┘
```

客体性因素（由生产力水平所决定	主体性因素（可归属于生产关系范畴）

技术体系的现实状况	经济发展的现实状况	技术主体的技术应用能力	一个国家的社会制度	一个国家的管理体制	一个国家的文化价值观念

```
┌─────────────────────────────────────┐
│   技 术 正 向 价 值 实 现 的 主 客 体 对 策   │
└─────────────────────────────────────┘
```

客 体 性 对 策	主 体 性 对 策

改善技术体系的状况	加强技术创新的经济保障	提高全社会的技术应用能力	变革一个国家的社会制度	改革一个国家的管理体制	树立正确的技术价值观念

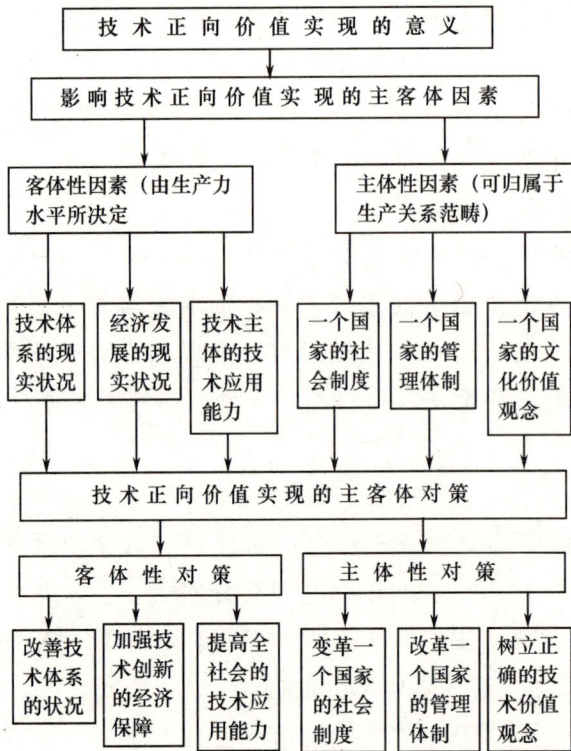

2－1　影响技术正向价值实现的主客体因素及相应对策

视了社会对技术的反作用。根据技术决定论，技术不受社会环境中其他因素的影响与制约，社会环境中其他因素必然会适应技术创新与应用的要求，技术正向价值会自然实现。与技术决定论相反，社会制约论片面夸大了社会对技术的反作用，认为人为规划技术的创新与应用是不受限制的、任意的，技术正向价值完全取决于人为的任意规划。马克思主义技术与社会互动关系理论，克服了上述两种观点的片面性。技术与社会环境中其他因素有其各自的独立性，它们都处于人类物质性实践活动的社会大系统之中，相互之间具有作用与反作用的互动关系，共同服务于人类在自然生态、社会和人本层面的价值需求。技术正向价值（和负向价值）的实现问题，就是人类物质性实践活动的社会大系统之中，技术与社会环境中其他因素的互动过程。在这个过程中，社会环境中其他因素不是自动适应技术创新与应用的要求，而是可能适应技术创新与应用的要求，也可能会阻碍技术创新与应用的要求，所以，有必要调整阻碍技术创新与应用的社会环境因素，为技术正向价值的实现提供环境保证；同时，必须意识到这种调整不是任意的，而是有一定限度的，这个限度来自于技术对社会环境中其他因素的决定或影响作用。

综上所述，在一定限度内调整阻碍技术创新与应用的社会环境因素，有助于技术正向（和负向）价值的实现。那么，社会环境中哪些因素制约技术正向价值的实现呢？对这一问题，学者们有不尽相同的论述。有学者认为，地理因素（包括经济地理因素和地域民族因素）、生态因素、人的因素影响技术正向价值的实现。[①] 有学者认为，经济因素（面向经济）、生态因素（面向绿色）和社会科技心理因素（面向公众）影响技术正向价值的实现。[②] 还有学者认为，自然区位、政治区位、经济区位、文化区位、社会心理等因素影响技术正向价值的实现。[③] 笔者认为，影响技术正向价值实现的因素很多，关键在于是研究一般技术还是具体技术。研究一般技术，在于研究影响技术正向价值实现的所有具体技术所共有的因素；研究某一类具体的技术，根据其特殊性，在考虑共有因素的基础上，研究这些共有因素的具体作用以及共有因素以外可能存在的其他因素的作用。总结上述学者的观点，笔者认为，以一般技术为研究对象，技术正向（和负向）价值的实现会受到社会环境中主、客体因素的制约。影响技术正向（和负向）价值实现的主体因素主要有一个国家的社会制度、国家的管理体制和文化价值观念等；影响技术正向价值实现的客体因素主要有受国家现有生产力水平所决定的技术体系的现实状况、经济发展的现实状况等。

领会影响技术正向（和负向）价值实现的主、客体因素具有以下意义：（1）人们面对这些主、客体因素并非完全无所作为，可以针对

---

① 徐刚："论技术发展的环境因素"，《福建行政学院福建经济管理干部学院学报》，1999 年第 2 期，第 42～43 页。

② 金俊岐："论当代科学技术发展的社会规范"，《河南师范大学学报》（哲学社会科学版），2000 年第 6 期，第 39～41 页。

③ 陈凡、张明国：《解析技术》，福建人民出版社 2002 年版，第 61～95、61～95、78～95、289 页。

阻碍技术正向价值实现的主、客体因素采取相应的对策，以使技术的正向（和负向）价值得到充分实现。比如：认识到阻碍网络技术正向价值实现的主体因素（如，政府管理体制落后、网络立法相对滞后等因素）和客体因素（如，网络基础设施缺乏、社会信息化水平低等因素），采取相应的对策予以解决，就会使一国网络技术的正向价值在原有水平上得到更好地实现，印度、新加坡等发展中国家网络经济快速发展的现状就能够说明这一点。（2）由于各国、各地区社会环境的不同，技术正向（和负向）价值实现与否以及实现程度可能会有很大不同。技术正向（和负向）价值在不同国家实现程度的不同，往往会造成国家之间综合国力的不平衡，严重的不平衡往往会引发战争，两次世界大战在很大程度上就是由于国家间技术正向（和负向）价值实现程度的失衡而引发的。近代的中国饱受落后挨打之苦，很大程度上也可归因于此。现在，我国要借助社会主义制度的优越性，积极应对阻碍技术正向（和负向）价值充分实现的主、客体因素，使技术正向价值在我国得到最大化的实现，力争早日实现中华民族的伟大历史复兴。（3）发展中国家可以借鉴发达国家的相关经验，更好地协调技术正向价值实现与技术负向价值实现的关系，避免重蹈覆辙，在实现技术的正向价值之时，尽量减少技术负向价值的实现，加快工业化和后工业化过程，缩小与发达国家之间的差距。

必须注意到，技术正向价值实现的过程一定会伴随技术负向价值的实现，技术正向价值的实现实际上就是技术价值二重性在更高发展阶段的实现。在由低层次向高层次不同阶段的技术与社会交互作用的发展模式中，技术正向价值实现与负向价值实现会有不同的表现，所以，无论是先进技术主体还是落后技术主体，都要面对如何协调技术正向价值实现与技术负向价值实现的关系问题。在解决技术正向价值实现问题的同时，必须考虑如何解决相伴而生的技术负向价值实现的问题。因此，第2章第4节第4目技术正向（和负向）价值向更高发展阶段的实现问题，与第2章第4节第5目在保证技术正向价值充分实现的基础上技术负向价值的尽力消解问题，必须有机结合起来进行研究。

2.4.4.1　影响技术正向价值实现的主、客体因素

（1）影响技术正向价值实现的客体因素

　　影响技术正向价值实现的客体因素很多，其中主要有受国家现有生产力水平所决定的技术体系的现实状况、经济发展的现实状况、技术主体（如公众）的技术应用能力等。

　　受生产力发展水平所限，一定历史时期，一个国家某一技术领域技术体系的现实状况，制约着某一技术正向价值的实现与否及其程度。比如，在珍妮纺纱机发明前的 30 多年，就有人发明了技术上先进得多的淮亚特纺纱机，但是，由于当时机械技术领域中还没出现瓦特发明的蒸汽机，再加之价格昂贵，使之无法在市场上发挥作用。而珍妮纺纱机由于简单便利，适应家庭手工业生产的要求，反而得到了普遍应用。① 与此情况相类似，电动机发明后，由于当时电力技术体系中没有提供能量的发电机以及遍及各地的电网体系，也使电动机在 50 年后，即相关技术成熟之后，才展示出其强大的正向价值。今天，网络基础设施、网络带宽等网络技术体系中的相关技术，也制约着网络技术正向价值实现的程度。

　　在强调科学技术的第一生产力作用时，不可忽视科学技术本身的发展首先或第一又需要生产力②以及由生产力所决定的经济发展现状的支持。因为，经济发展的现状决定了技术创新的能力，技术创新的能力又体现为技术正向价值实现的程度。技术正向价值的实现，是不断的技术创新过程的外在表现，这是因为，只有不断的技术创新才能适应不断发展变化的社会需求，才能在竞争中保持不败。例如，世界上许多知名企业每年的专利授权量都有几十件，甚至上百件，否则就无法维持其在所属领域中的领先地位。生产力以及由生产力所决定的经济发展现状对技术进步的支持，可以用技术研发经费与国家或地区的生产总值或企业的销售总额的比例来定量地衡量。生产力以及由生产力所决定的经济发展现状，不仅可以决定研发经费提取数量的多少，而且可以决定研发经费提取比例的高低，因为一些发展中国家或落后的企业，受各种因素的制约，没有能力保障一个较高的研发经费提取

---

　　① 陈凡、张明国：《解析技术》，福建人民出版社 2002 年版，第 61 ~ 95、61 ~ 95、78 ~ 95、289 页。

　　② 陈昌曙：《技术哲学引论》，科学出版社 1999 年版，第 220 页。

比例。

生产力的现有水平也决定了技术主体(比如社会公众)一定历史时期的技术应用能力。比如,广播、电视、网络等媒体技术要发挥其广泛的正向社会价值,有赖于广播、电视、网络技术的相关消费品的人均拥有量以及使用技能与效率。如果一国生产力水平较低,经济发展较为落后,就会使该国公众的消费能力较低,受教育人口比例和受教育程度较低,技术应用能力与效率相应地也就较低。从满足人们的需求这一角度来看,技术正向价值的实现体现为:技术会催生新的社会需求、使人们潜在的需求成为可能、使人们得以更加经济便利的方式来满足固有的需求。然而,由于各国生产力水平、经济发展状况、教育水平的差距,会导致各国公众技术应用能力的差距,进而会导致技术正向价值在各国实现程度的差距。网络技术出现后,由于各国生产力水平、经济发展状况、教育水平的差距,导致各国民众上网率、上网能力与效率的差距,也就是"数字鸿沟"问题的出现,可以说明这一点。

(2) 影响技术正向价值实现的主体因素

影响技术正向价值实现的主体性因素可归属于生产关系范畴,这些因素很多,其中主要有一个国家的社会制度、管理体制和文化价值观念等。

技术客体在不同的社会制度之中,其正向价值实现的程度是不一样的。比如,古希腊的希罗(Hero)曾发明了历史上第一架用蒸汽作动力的机械装置,但处于当时奴隶社会的历史环境,他的发明只能作为高级玩物供统治阶级欣赏。而到了 17 世纪的资本主义工业革命时代,蒸汽机作为一种动力机械则发挥了巨大的历史推动作用。我国古代是发明大国,但是,在封建社会的历史环境中,指南针、火药、印刷术等项发明却成为无果之花。然而,指南针、火药、印刷术这三项发明传入欧洲之后,被马克思称为"预告资产阶级社会到来的三大发明"。以上事例说明,技术是自然属性与社会属性的统一体。技术的自然属性表明,技术有"自己的特殊法则和自己的决定论"。① 技术的社

① J. Ellul:*The Technological society*, Vintage Books. 1964. 114.

会属性表明，技术在不同的社会制度中，呈现出不同的应用程度、社会影响以及正向价值的实现。如前所述，蒸汽动力机械在奴隶社会只是一个高级玩物，而在资本主义制度的早期，则成为推动社会变革的强大动力。由此可见，社会制度制约着技术正向价值实现与否及其实现程度。

　　既然社会制度对技术正向价值的实现具有如此重大的制约作用，那么，为什么世界上上百个资本主义国家，只有少数国家成为科技强国？一些社会主义国家，不是基于技术正向价值的实现而日益繁荣昌盛，而是出现了东欧剧变、苏联解体以及我国社会主义建设事业曾经遭受的挫折？笔者认为，这其中的原因可能十分复杂，其中，政府管理体制是否为技术正向价值实现提供体制上的保障，起到了关键性的作用。以我国为例，在旧的单一计划经营模式下，我国技术创新、技术成果市场化、技术工作者的积极性都得不到充分发挥，技术的正向价值被僵化的管理体制所束缚。改革开放以来，确立了政府适度调控的市场经济管理体制，技术的正向价值得到了较为充分的实现，我国已成为世界上少有的经济快速发展的大国。政府管理体制推动技术创新的典型事例出现在深圳经济特区，深圳市政府探索出一条政府适度管理、企业为主体的技术创新模式，技术创新推动经济发展与社会进步的正向价值实现成果十分显著。当前，世界主要发达国家，应对国内外各种压力，积极探索政府改革的出路，力图通过建立现代政府，为技术价值的正向实现提供更好的社会环境。我国应当借鉴这些发达国家的先进经验，总结国内一些地区的成功经验，探索出适合中国国情的政府管理体制，为技术正向价值的充分实现提供良好的社会环境。

　　文化观念，尤其是技术价值观，对于技术正向价值的实现也有一定的制约作用。例如，中国古代"学而优则仕"的价值观念，与日本下层武士"现场优先主义"的价值观念，对近代中国和日本对待西方科学技术与社会制度的不同态度，有一定程度的影响。最终结果，日本摆脱了西方列强入侵的困境在近代步入了发达国家的行列，而中国则沦为半殖民地半封建社会。又如，英国推崇重视科学研究而轻视技术应用的价值观念，而美国推崇重视技术实际应用的实用主义价值观念，使英国虽然成为科学大国，但是技术的应用以及技术正向价值实现的程度则远远落后于美国。①

2.4.4.2 技术正向价值实现的主、客体对策

（1）技术正向价值实现的客体对策

由于技术体系的现实状况制约了相关技术正向价值的实现，政府应当对一些关乎国民经济发展和人民群众生活的关键性技术提供物质技术保障。比如，广修公路、开展村村通工程、加强网络基础设施建设，使汽车技术、广播电视技术和网络技术的正向价值得到了充分实现。已有很多报道反映，一些地方的农民由于上了网，与外界加强了联系，为自己的农产品找到了市场，盘活了本地的经济。这方面的事例说明，作为技术体系重要组成部分的网络基础设施建设的重要性。即使是偏远的农村，也需要网络技术这样的关键性技术来振兴本地的各项事业。所以，政府必须将有限的财政资金，投入到这类关键性技术的开发与应用领域，使这类技术的正向价值更好地服务于社会公众。

技术正向价值的充分实现离不开持续不断的技术创新，技术创新又有赖于生产力和社会经济的支持。首先，必须坚持以经济建设为中心，大力提高生产力发展水平，才能提高一个国家或一个企业研发经费提取的绝对数量。我国是发展中国家，国家财力比较有限。对于个别企业难以承担又关乎国计民生的关键性技术，诸如水利工程技术、海洋工程技术、核工业技术、航天技术、网络技术等，国家要给予扶持。其他非关键性的技术，则应遵循"以企业为主体、市场为导向、产学研相结合"的技术创新之路。这样，国家投入关键性技术的研发经费数量就能相应地提高。企业由于成为市场的主体，有了技术创新的积极性，也会从销售总额中提取更多的研发经费。其次，在研发经费提取数量一定的前提下，采取措施，尽力提高研发经费提取的比例也是十分关键的。现在，主要发达国家的技术研发投入占国民生产总值的比重（R&D/GDP）约为2%，世界百强企业的技术研发投入约占其销售总额的10%，而发展中国家和一般企业的这两个比例都比较

① 陈昌曙：《技术哲学引论》，科学出版社1999年版，第220页。

低。统计数字表明，我国的 R&D/GDP 和多数企业的技术研发投入与销售额之比均不足 1%。所以，消除各种阻碍因素，国家和企业努力提高研发经费的比例，对提升我国技术创新能力，建立创新型国家，使技术正向价值充分得到实现是十分关键的。[①]

现有生产力、经济发展状况所决定的社会公众技术应用能力的现实状况，制约着技术正向价值实现的程度。为了使一些关乎国计民生的关键性技术，如广播、电视、网络等媒体技术充分实现其正向价值，政府应当采取扶助政策，以提高社会公众的技术应用能力。如同政府创办图书馆等公用基础设施为公众提供免费信息服务一样，政府也可以为公众提供免费的广播、电视和网络基础设施，使社会公众能够免费获取科学文化、政治思想、致富就业等各方面的信息，提高社会公众的文化素质，从而增强他们的技术应用能力，为技术正向价值的充分实现提供群众基础。

（2）技术正向价值实现的主体对策

技术在不同的社会制度之中，其正向价值实现与否及其程度是不同的。在奴隶社会、封建社会，统治阶级通过宗教神学和武装力量就可以实现其超经济的剥削，因而统治阶级不太重视技术的价值，技术正向价值实现的程度较小。资本主义经济主要是自由竞争的市场经济，资本家为了在竞争中取得优势地位，榨取更多的剩余价值，比较重视科学技术的价值，技术正向价值的实现较大。社会主义推翻了人剥削人的社会制度，生产的目的不是为了资本家榨取剩余价值，而是满足人民群众不断增长的物质文化需要。所以，社会主义制度为技术正向价值的实现提供了前所未有的制度保障。我们必须坚信：只有社会主义制度才能救中国，也只有社会主义制度，才能使技术正向价值得到最充分的实现。可以说，变革社会制度是保障技术正向价值实现的具有根本性作用的主体性对策。

政府管理体制是由政府管理模式、管理理念、组织机构、决策机制以及管理手段等要素所组成的一个动态的管理系统。技术作为一种

---

① 陈昌曙：《技术哲学引论》，科学出版社 1999 年版，第 220 页。

生产力，相对于政府管理体制，是更为活跃的一种社会构成要素。因此，政府管理体制中的各个要素要不断地调整，才能适应技术发展的要求；否则，现有的政府管理体制将阻碍技术的发展。例如，19世纪下半叶，最先进入资本主义垄断阶段的英国技术应用出现了停滞状态，原因就在于，垄断资本家由于取得了垄断地位，不采用先进的技术仍然能够获得垄断利润。而与此同时的美国、德国则积极采用先进技术而后来居上。后来，各国政府都纷纷制定《反垄断法》来克服自由竞争所带来的必然后果——垄断。《反垄断法》的实施，使第二次世界大战后的资本主义国家取得了一个"繁荣"发展的历史时期。可见，改革政府管理体制的作用是巨大的，甚至会使垄断资本主义绝处逢生。当前，主要资本主义国家为了摆脱新的危机，提出了构建现代政府的政府改革计划，他们认为，现代政府的管理体制包括：宏观调控与市场机制有机结合的政府管理模式，大服务小管理的政府管理理念，扁平化的政府组织形式，民主化的政府决策机制，注重法制的政府管理手段等。目前，我国的政府管理体制滞后于对外开放、经济体制改革的发展要求。[①] 所以，借鉴西方发达国家构建现代政府的先进经验，利用网络技术构建电子政府是我国政府管理体制改革的关键所在。由于"现代政府是电子政府，但电子政府不一定是现代政府"，[②] 因此，网络技术必须与政府管理体制的改革相结合，才能真正确立符合技术正向价值实现所要求的政府管理体制。

技术价值观念本身也是由生产力发展水平、经济发展状况所决定的一种社会意识形态。所以，不能过高估计技术价值观念对技术正向价值实现的影响。当前，我国确立了市场经济的发展模式，传统重义轻利的技术价值观念对技术正向价值实现的束缚已难寻踪迹，重利轻义的技术价值观念势头强劲，侵犯知识产权案件呈逐年上升态势，技术创新领域的造假行为也呈多发态势。其实，传统重义轻利的技术价

---

① 隆国强："中国政府职能转变的任务尤为艰巨"，《国研分析》，2002年第6期，第30页。

② 于风荣、王丽："电子政府与现代政府之比较"，《中国行政管理》，2001年第11期，第17~18页。

值观念，和当前势头强劲的重利轻义的技术价值观念，都是片面的技术价值观念，都不利于技术正向价值的充分实现。笔者认为，正确的技术价值观念应该是，既要"重利"，促进技术创新与应用在经济领域中的正向价值实现；又要"重义"，尊重他人的知识产权，在技术创新领域诚信守法。总之，只有营造出体现正确技术价值观念的市场竞争环境，才能保障技术正向价值的充分实现。

2.4.5　技术负向价值的消解

技术负向价值的消解，是指技术负向价值的尽力消减与协调解决。唯物辩证法认为，任何事物都有正反两个方面，技术当然也不例外，伴随技术正向价值的实现，肯定会有技术负向价值的实现，这就是"尽力消减"的含义。技术负向价值的消解，就是在追求技术正向价值实现的同时，兼顾技术负向价值的实现问题，尽量达到一个最理想化的状态，即技术正向价值实现的最大化与技术负向价值实现的最小化，这就是"协调解决"的含义。在采用具体的消解方法（即下文所述的技术评估、技术负向价值的尽力消解、更新与矫正落后与失当的技术价值观）之时，都要求协调技术正向价值的实现和技术负向价值的实现，尽量达到一个最理想化的状态，即技术正向价值实现的最大化与技术负向价值实现的最小化。比如，建构性技术评估，就是通过政府主导下的公众广泛参与的技术社会型塑过程，来协调技术正向价值的实现和技术负向价值的实现。

从主体认识能力的角度来看，技术负向价值可以分为可预见的技术负向价值和不可预见的技术负向价值。笔者认为，不可预见的技术负向价值是由于人类认识能力的局限性，对导致技术负向价值产生的主客体性原因缺乏认识从而无法采取相应对策所造成的。在主体尚未意识到技术负向价值存在之前，无法对其采取消解措施，但是可以通过提高主体的认识与预见能力（技术评估），缩短不可预见的技术负向价值向可预见的技术负向价值转化的历史进程，并尽快采取相应的消解措施。对于可预见的技术负向价值，在它产生的主客体性原因中主要有两个，一是,由于技术客体的相对独立性，没有无负效应的技术，人们只能尽力消解技术的负效应,但不可能根本消除;二是,虽然对技术负向价值有所预见,但是由于技术主体落后的或者失当的技术价值观而放任了技术负向价值的产生。所以,技术负向价值的消解途径有三个,一是技术评估;二是技术负向价值的尽力消解;三是更新与矫正落后与失当的技术价值观。前两个消解途径针对的是导致技术负向价值的客体性原因,第三个消解途径针对的是导致技术负向价值的主体性原因。技术负向价值的分类及其消解途径,可由图2-2形象地表述。

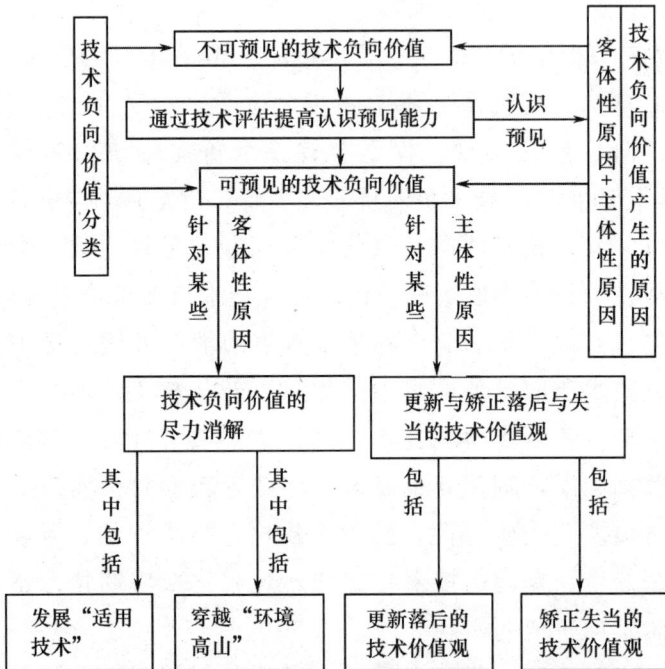

图 2 - 2　技术负向价值的分类及其消解途径

2.4.5.1　技术评估

为了降低人类由于技术负向价值所导致的试错成本,提高主体的预见能力,缩短不可预见的技术负向价值向可预见的技术负向价值转化的历史进程,技术评估（Technological Assessment，TA）在 20 世纪 50 年代开始盛行起来。① 技术评估是"系统识别、分析和评价技术对

---

① 邢怀滨:《社会建构论的技术观》（东北大学博士论文）,2002 年发表,第 120 页。

社会、文化、政治和环境系统潜在的无论有益或有害的后果，从而为决策过程提供中性的、客观性的信息输入。"[①] 1972 年，美国国会通过技术评估法，并设立美国国会技术评估办公室，随后，欧洲许多国家和日本相继设立了类似的机构，我国 1997 年也成立了国家科技评估中心。[②] 技术评估的效果取决于两个方面，一方面是主体的认识能力与评估方法，另一方面是技术建构主体价值观的相互协商效率。建立起适应技术良性发展的社会制度对于技术评估的效果是至关重要的。"通过完善社会建制（包括政治制度、经济组织方式、文化伦理的一切社会因素相关的社会存在和运行方式）而逐步消除技术负向价值……是根本有效的。"[③] 技术评估的发展主要经历了觉察性技术评估和建构性技术评估两个历史阶段。

（1）觉察性技术评估

在 TA 的发展初期，主要是觉察性（或称预警性）技术评估，主要为决策者提供技术可能造成的近期或远期的后果，技术在带来经济效益的同时可能造成的难以逆转的社会、环境效应。在取得系列成果之时，觉察性 TA 的局限性逐渐暴露。其一，TA 中隐含的基本前提——技术发展过程及其社会影响是可以预测的——被越来越多的事实和理论推翻。其二，价值判断必然会被带进据称与价值无关的评估过程，[④] 也就是说这种价值的渗透性限制了人们对未来技术的社会文化及环境后果的预见能力，从而无法提供给决策者中立的，更不用说是客观的信息。

（2）建构性技术评估

从 20 世纪 80 年代开始，TA 逐渐被认为是一种用来管理技术的战略工具而不仅仅是一种决策过程中客观、中立的输入因素。建构性 TA

① Smits, R. Leyten J. , Den Hertog: *Technology assessment and technology policy in Europe: new concepts, new goals, new infrastructures*, Policy Science. 1995. 271 – 299.

② http://www.ncste.org/index.htm

③ 刘文海："技术负向价值批判——技术负面效应的人本考察"，载《中国社会科学》1994 年第 2 期，第 101 页。

④ F. 拉普：《技术哲学导论》，刘武等译，辽宁科学技术出版社 1986 年版，第 146 ~ 147 页。

（Constructive TA）开始出现。建构性 TA 具有以下特点：第一，政府主导下的公众广泛参与性。各种各样可能受到技术影响的社会组织，按照政府制定的政策与法律法规共同参与技术的社会塑造过程。第二，动态性。某一人造物的形成，都经过了构思、设计、生产、市场扩散以及在各种反馈中不断得到改进的过程，在这一过程中各种技术主体在政策与法律的规范下，参与技术的社会建构过程。第三，试验性。由于主体认识能力的局限性以及价值观的分歧性，使得技术管理很难确定技术是否能够走上最佳的轨道，技术的民主化建构过程的目的在于尽最大的可能性减少人类对技术负向价值的试错成本。

2.4.5.2 技术负向价值的尽力消解

笔者认为，主体与客体具有对立的一面，所以技术负向价值必然产生，人们虽然无法完全消除技术负向价值，但是可以通过尽力消解技术负向价值，以实现技术正价值的最大化。此外，政府可以通过制定政策和法规，强制提取技术负向价值保险金或者技术负向价值补偿金，应对未来可能出现的技术负向价值问题。针对主客体的对立所产生的技术负向价值问题，国内外许多学者提出了一些消解办法，下面分述如下。

（1）发展"适用技术"

印度学者 A. 雷迪从发展中国家的社会实际情况出发，确定了"适用技术"的多重目标特征：第一，环境目标：减少环境污染；第二，社会目标：最大限度地满足人类的最基础需求；第三、经济目标：消除经济发展的不平衡状态。因此，一些学者认为，"适用技术"应当成为人们在建构和实施可持续发展过程中的正确的技术选择，成为实现可持续发展的可靠手段和技术基础。[①]

（2）穿越"环境高山"

我国学者陆钟武院士，将经济增长所引起的环境负荷逐渐增加比作"环境高山"，指出一些发达国家，如挪威、加拿大、瑞典、日本、美国等已逐渐翻越了这座"环境高山"的山顶，开始走经济增长的同

---

① 许志晋："适用技术与可持续发展"，《中国软科学》，1998 年第 8 期，第 79～82页。

时而环境负荷逐渐减少的"下山"阶段。我国现在处于"上山"阶段，即经济增长伴随环境负荷逐渐增加的工业发展阶段。我国必须吸取发达国家的教训，发展经济的正确道路不是从山顶上翻过去，而是从半山腰穿过去，这样付出的环境代价就可以低得多。陆院士认为，能否穿越"环境高山"是我国能否实现可持续发展战略的关键所在，穿越"环境高山"是可能的，要做这样的一些努力：调整产业与产品结构，发展循环经济，提升技术水平，提升管理水平，调控能源结构，改变消费观念，改变经营观念，生态环境的保护修复与改善，加强宣传教育，制定政策、法律法规等。

2.4.5.3　更新与矫正落后与失当的技术价值观

对于技术主体落后或者失当的技术价值观所导致的技术负向价值，更新技术主体落后的技术价值观，树立符合科学发展观要求的新型技术价值观，矫正技术主体失当的技术价值观，就是消解这方面原因所导致的技术负向价值的有效方法。

（1）更新落后的技术价值观

党的第十六届三中全会提出了科学的发展观，即坚持以人为本、树立全面、协调、可持续的发展观，促进经济社会和人的全面发展。科学发展观是马克思主义普遍联系与发展理论在新的历史时期的具体体现。落后的技术价值观就是与科学的发展观相对立的，只重视短期的局部的仅限于经济领域的发展而忽视长期的、全局的经济社会与人的全面协调发展的片面的发展观。而符合科学发展观要求的新型技术价值观就是在科学发展观的指导下，坚持以人为本，以广大人民群众的整体的、长远的需求为出发点，在寻求技术的经济、政治军事价值的同时，兼顾技术的社会人文价值和生态价值，实现科技为推动力的经济与社会全方位的可持续的发展观。

党的十六届四中全会提出了"构建社会主义和谐社会"的奋斗目标，指出我国要建设的社会主义和谐社会，应该是民主法治、公平正义、诚信友爱、充满活力、安定有序、人与自然和谐相处的社会。构建社会主义和谐社会为更新技术主体的技术价值观，树立符合科学发展观要求的新型技术价值观提供了目标与保障。所谓"目标"，就是技术创新与应用应当有助于社会主义和谐社会的构建；所谓"保障"，是指尽力消解技术负向价值，实现技术正向价值最大化的技术管理工作的顺利进行，有赖于民主法治、公平正义、诚信友爱、充满活力、安定有序、人与自然和谐相处的社会环境。

（2）矫正失当的技术价值观

通过矫正技术主体失当的技术价值观来消解技术负向价值，就是在树立符合科学发展观要求的新型技术价值观基础上，以政府为主导，全社会共同参与，在体现新型技术价值观要求的政策和法律法规的指导和规范下，综合应用各种手段来消解技术负向价值的实践过程。具体而言，应当做好以下工作。

第一，政府在消解技术负向价值方面起着重要的作用，但是政府能否将体现全球范围内社会公众整体、长远利益的，符合科学发展观要求的新型技术价值观念体现在政府所制定的政策与法律法规之中，并综合运用各种手段保障其得到贯彻实施，前提条件是政府是不是由"自由人联合体"所选出的公共事务管理机关。因而，马克思关于变革社会建制以消解劳动异化、技术异化的理论观点，对于消解因主体价值观原因所导致的技术负向价值，是根本有效的。

第二，各个国家的政府为了本国在国际舞台上占有优势地位，都大力扶持开发个别企业难以承担的大型技术项目，也为企业、科技人员等技术主体提供政策法律环境，是技术负向价值产生的重要原因之一。但是，战争、生态危机、资源匮乏、疫病流行等是人类共同面临的技术负向价值问题，各国政府必须共同面对技术负向价值的威胁，通过国际协调达成共识，矫正各个国家失当的技术价值观，才会有助于人类共同利益的实现。

第三，政府在消解技术负向价值方面的作用在于，政府要依据符合科学发展观要求的新型技术价值观，制定相应的政策与法律法规，并综合运用技术、法律、伦理、经济等各种手段，通过国家强制力使技术主体矫正其失当的技术价值观，以消解技术负向价值。

第四，技术创造主体与技术应用主体的失当价值观也是技术负向价值产生的重要根源。广大的科技工作者及其追随者，数量巨大的开发和应用技术的各类社会组织，他们是技术建构社会的强大力量。他们的行动与呼声，可以左右政府部门政策、法律法规的制定与落实。目前，我国已具备较为完善的环境资源方面的法律法规，但是环境恶化与资源匮乏的情况却日益严重，政府部门执法不力与地方保护主义是一方面的原因，而大量有法不依现象则源于一部分技术主体的失当价值观取向，因而技术主体自觉遵守技术法律与伦理规范，是消解技术负向价值的重要保证。

2.4.6　技术价值二重性的本质属性

2.4.6.1　技术价值二重性体现了对立统一关系原理

技术价值二重性的"二律背反"现象，自古以来就引起了人们的注意与研究，人类对技术价值二重性的认识经历了三个阶段。笔者认为，对立统一关系原理是技术价值二重性的本质属性。

技术价值二重性具体体现在自然生态层面、社会关系层面和人本层面技术现实价值的正负向实现。由于人类认识能力的局限性以及人类失当的价值观，人类在营造人工自然满足自身需求的同时，也破坏了人类赖以生存的天然自然生态环境，具体表现为环境污染、生态失衡、资源和能源危机、人口膨胀等。科学技术和生产力水平的提高，必然引起生产关系的变革，进而引起上层建筑的变革，导致社会形态的变更与社会经济结构的深刻变革。但是，科学技术的进步也引起了各国综合国力发展的不平衡，战争、技术发达国家转移生态危机、技术理性的膨胀，使许多社会公众成为技术发展的牺牲品。技术在人本层面，提升了人类的认识能力、更新了人类的伦理观念、丰富了人类的审美意识、使人类的身心更加健康。但是随着科技的进步，人类的某些方面的认识能力却在下降，科学技术也被有些人滥用甚至恶用，审美意识的单一化以及各种类型的职业病也严重损害着许多人的身心健康。

人类对技术价值二重性的认识经历了三个阶段。15 世纪以前，处于萌芽阶段，一些思想家有所表述，而没有引起社会公众的关注；从15 世纪后半期到 19 世纪，思想家和社会公众普遍认可了科学技术的正面价值，而忽视了科学技术的负面影响；20 世纪以来，科学技术的负面影响突现，技术价值的二重性，特别是技术价值的负向实现——技术异化，在思想家和社会公众之中都引发了普遍的关注和探讨。马克思主义的技术价值观是科学的技术价值观，当代马克思主义的技术价值二重性理论是唯物辩证法对立统一关系理论的具体体现，能够科学地指导人们认识世界和改造世界。

为什么会出现技术价值的二重性？技术价值二重性产生的原因包括客体性原因与主体性原因。主体与客体的对立统一关系、技术主体与技术客体的对立统一关系（客体性原因），技术主体自身以及技术主体与技术主体之间价值观的对立统一关系（主体性原因），使技术价值的正负效应具有共生性。虽然技术客体是技术主体创造出来的，但是技术客体一旦产生，就具有其独立性的一面，当技术主体应用技术客体改造客体（客观世界）之时，除了会产生技术主体所积极追求的正价值，也会产生技术主体能够预见和不能够预见的负价值。技术客体一经产生，不仅会被技术创造主体所应用，也会被其他主体所应用，由于价值观的分歧性与相对性，技术主体自身（如近期与远期价值取向、局部与整体价值取向）价值观的矛盾性，应用的结果可能是正向的，也可能是负向的。

2.4.6.2　技术主体价值观的对立统一关系是生产关系变革的动力源

劳动在很大程度上就是技术的研发与应用过程，马克思的劳动价值理论也可视为马克思的技术价值理论。马克思通过对劳动（技术）对象化与异化关系的阐述，提出了马克思主义的劳动（技术）价值二重性理论。劳动（技术）对象化与异化的关系体现了工人阶级的价值观与资产阶级的价值观是一种对立统一的关系，这种对立统一的关系引起了生产关系的变革，推动资本主义生产关系进入一个更高层次的发展阶段，即社会主义阶段。所以，笔者认为，应当将马克思主义的劳动（技术）价值二重性理论纳入马克思主义的社会发展理论，即生产力与生产关系的矛盾运动理论之中，技术主体价值观的对立统一关系是技术价值二重性产生的重要原因，是生产关系变革的动力源。

　　在社会主义社会，虽然社会制度已不是产生技术负向价值的原因，但是，落后的技术价值观仍然可以导致技术负向价值。更新落后的技术价值观，推动生产关系的变革，是十分必要的。目前，我国已经认识到协调与平衡短期的社会需求、局部地区的社会需求、少数人的社会需求与长期的社会需求、全局的社会需求、社会大众的社会需求之间的必要性，提出了以人为本、全面、协调、可持续的科学发展观。遵循科学发展观的技术价值观是推动生产关系变革的新型技术价值观。这种新型技术价值观就是对纯粹智力型技术价值观、社会功利型技术价值观和工具理性主义技术价值观等失当的技术价值观的扬弃。笔者认为，在新型技术价值观引导下的社会实践会引起生产关系中各要素的变革，在政策、经济、法律、伦理、文化心理等各个层面发生的巨大变革，反作用于作为第一生产力的技术，也使技术的创新、应用具有了不同于以往的方向性，使技术对社会的决定作用也表现出了不同的形态，在技术与社会各要素的相互作用中，使我国进入了一个更高的发展层次。比如，政府依据符合时代要求的新型技术价值观，以构建和谐社会为目标和保障，调整产业结构，调整产品结构，发展循环经济，提升技术和管理水平，调控能源结构，改变消费观念，改变经营观念，保护修复改善生态环境等，发动社会公众广泛参与技术的社会塑造过程，在发展经济的同时减少环境负荷，开发应用"适用技术"，消解技术负向价值，最大限度地发挥技术的正效应，就能逐步构建起全面、协调、可持续发展的社会主义和谐社会。

第3章 网络技术价值二重性表象

这一章，首先，介绍并论述了网络技术及其本体论意蕴，指出网络虚拟现实是人类认识与实践的新领域，进一步指出网络技术价值二重性的表象既可存在于物理现实领域也可存在于与物理现实领域有着密切关系的网络虚拟现实领域；其次，解释了网络技术价值和网络技术价值二重性的含义；在此基础上，阐述了网络技术价值二重性表象，即网络技术在自然生态、社会关系和人本层面，技术正负向价值的具体体现，并且指出"数字鸿沟"问题和网络安全问题是网络技术最关键的两个负向价值实现问题。

3.1 网络技术及其本体论意蕴

3.1.1 网络技术及其溯源与展望

3.1.1.1 网络技术

国际互联网，就是把全世界分布在不同地理区域的计算机与专门的外部设备用通信线路互联成一个规模大、功能强的网络系统，从而使众多的计算机可以方便地互相传递信息，共享硬件、软件、数据信息等资源。

网络技术的发展虽然与计算机技术的发展与完善分不开，但我们不能因此将网络技术同计算机及其相关概念等同或混淆。可以说，网络技术汇集了人类科技发展的最新成果，囊括了计算机技术、通信技术、多媒体技术等主要高新技术领域，它是计算机设备、计算机技术、通信材料、通信技术、多媒体技术等一系列因素综合而成的技术产品，少了其中任何一项要素，网络技术的功能将得不到发挥，因此，有学者指出："网络技术的产生与快速发展主要基于计算机技术、通讯技术和多媒体技术发展的完美结合。"①计算机技术的发展，使得计算机的数据处理速度和处理能力大大加强，为网络数据的快速处理奠定了基础；通信技术的发展，使得数据传输的速度和可靠性大大增强；多媒体技术的发展，使得在网络上传输的信息突破了文本的限制，促进了网络信息表现形式的多样性，使得互联网上的信息内容更加丰富多彩，极大地推动了互联网的普及和发展。此外，由美国和欧洲研究开发的三项网络技术标准（全球传输协议标准、全球图文存放标准、全球浏览编辑标准），解决了国际间电脑之间兼容的问题，为网络技术在全球普及奠定了基础。

　　网络技术主要具有以下功能：（1）实现各计算机之间的数据传输；（2）实现资源共享；（3）分布处理功能，把一件或几件工作分散到网络中各计算机上完成；（4）集中控制、管理、分配网络的软件、硬件资源。除了以上的基本功能外，计算机网络还具有以下几个方面的应用：（1）远程登录，即允许一个地点的用户与另一个地点的计算机上运行的应用程序进行交互对话。（2）电子数据交换（EDI），即以共同认可的数据格式，在贸易伙伴的计算机之间传输数据，代替了传统的贸易单据，从而节省了大量的人力和财力，提高了效率，这已是网络在商业中的一种重要的应用形式。（3）传送电子邮件，即以计算机信息网络作为通信媒介，用户可以在自己的计算机上把电子邮件发送到世界各地，这些邮件中可以包括文字、声音、图形等信息。（4）联机会议，即利用计算机网络，人们通过个人计算机参加会议讨论。（5）信息检索，即利用计算机网络，搜索、查询各种信息。

　　3.1.1.2　网络技术溯源

　　许多尖端技术都产生于人类军事的需求，这是因为军事的需求体现出人们的领土观念与国家主权观念，因为只有维护了领土与国家主

---

　　①　王晓春：《网络问题的社会学分析》（东北大学博士论文），2001 年发表，第 7 页。

权，才可能拥有据以生存、发展的空间，其他方面的需求，诸如经济、政治、文化、社会生活以及休闲娱乐等才能得以实现并繁荣发展。目前，互联网虽然已经成为民用资源共享网，但在开始时并不是为了民用信息共享，而是为了国际政治和军事方面的需要。

网络技术作为一种基础性的媒体技术，是在人类军事政治需求的推动下，由政府出资研发而产生的。二次大战末，美国在日本的广岛和长崎扔下两颗原子弹，举世震惊。过后美国军方也忧心忡忡，因为原子战争条件下对通信设施的破坏力极大。为此，美国五角大楼下令建造一个即使发生核战争也无法破坏的通信网络。1968 年美国国防部高级研究计划署的信息处理技术办公室向国防部提交了一个"资源共享的电脑网络"研究计划，并立即得到国防部批准，预算金额为 20 万美元。由于整个研究是在美国国防部高级计划署的组织下进行的，因此，这个网被称之为"阿帕网"（ARPAnet）。阿帕网（ARPAnet）就是 Internet 网的前身。

ARPAnet 建网的初衷旨在帮助那些为美国军方工作的研究人员通过计算机交换信息。其主导思想是：网络要能够经得住故障的考验而维持正常工作。ARPAnet 是一个较完善的分布式跨国计算机网络。采用分组交换技术，网上各台计算机都遵守统一的通信协议而自主工作，全网没有控制中心。这样即使网络的一部分遭到破坏，网络的其他部分仍能正常运行。1969 年在加州大学和斯坦福研究院的 4 个节点之间开始网络运行，建立起国际互联网（Internet）的雏形。2 年之后就有 19 个节点、30 个网络联接起来。到 1977 年发展至 57 个网络节点，连接 100 多台计算机。TCP/IP 协议从 ARPAnet 开始一直沿用至今。

许多尖端技术都产生于人类的军事方面的需求，并通过军用转民用进一步满足人类的经济需求，网络技术也不例外。阿帕网的成功运行导致了美国国家基金会于 1986 年建立了国家科学基金网（NSF-NET），开始走上了民用的道路。从 1969 年到 1990 年的 20 年间，美国人完成了建设信息高速公路的奠基工作。1993 年 1 月，美国政府提出要在美国建立全国范围的高速信息沟通网络——数字超级公路，即后来通称的信息高速公路。9 月，又宣布了美国全国信息基础设施建设计划。这一计划立即得到工业界的强烈反响。美国电话工业界提出要在 2000 年前投资 1250 亿美元发展国家"户——户信息网"。美国电话电报公司、数字设备公司和麻省理工学院成立宽带光纤网络联合体，开发大容量通信技术。1993 年 12 月，美国 28 家电信和计算机公司成立了一个组织，旨在商定用于信息高速公路的技术网络服务和应用软件。几乎与此同时，日本、欧洲等其他国家也相继实施建设信息高速公路的计划。在不到 2 年的时间内，信息高速公路建设热潮已遍及全球，形成了国际互联网。

3.1.1.3 网络技术展望

在不久的将来，另一类高新计算机技术——虚拟现实技术将与网络技术相融合，网络技术所营造的虚拟现实将与虚拟现实技术所营造的虚拟现实融合为一，人类认识与实践能力将面临新的机遇与挑战。

虚拟现实技术是一种人与计算机生成的虚拟环境可自然交互的人机接口技术。"虚拟"意味着计算机生成，"现实"意味着计算机生成的虚拟环境也是一种现实。这种现实可以是对现实物理环境的模拟，可以是人工营造的虚幻情景，也可以是在虚拟环境中形成的现实的新型社会关系。虚拟现实是相对于物理现实而言的一种新型现实，它是人类运用技术为实现自己的目的而营造的，人是虚拟现实的主宰。

虚拟现实技术产生于 20 世纪 60 年代，借助计算机科学家伊万·萨瑟兰研制的头盔显示器及与之配套的头部位置跟踪系统，使用者在一个 3D 立体空间中产生了沉浸感。进入 20 世纪 80 年代，全世界掀起了研究虚拟现实技术的热潮，从而在软硬件技术方面取得了很大的进展。用于培训飞行员的 VCASS 飞行系统仿真器是这一时期较为突出的技术成果。20 世纪 90 年代末期，随着阿兰·H. 韦斯"远程沉浸"理想的提出，虚拟现实技术与网络技术开始融合。所谓"远程沉浸"就是通过技术手段使身处不同空间位置的人们产生身处同一物理空间的感觉，克服空间距离，进行时时的信息与情感交流。2000 年 5 月，美国布朗大学的研究人员进行的远程沉浸展示，使身处不同地点的演示者借助网络技术、虚拟现实技术及其他相关技术产生了视觉立体感，并实现了近距离交往所具有的目光交流。目前，远程沉浸的成本是其他通讯技术的 100 倍，因此还未对传统技术形成冲击。随着信息技术的不断发展，随着新的软硬件设备的不断出现，远程沉浸技术的成本会不断下降。预计，远程沉浸进入千家万户还需 10 年时间。

虚拟现实技术有以下特点：第一，多感知性。一般的计算机只能提供使用者二维视觉、听觉信息，而虚拟现实技术可以提供给使用者三维视觉、立体听觉、触觉、力觉、甚至味觉、嗅觉信息。理想的虚拟现实可以提供给使用者在物理现实世界能够获得的所有感知觉信息。第二，沉浸性。如前所述，由于虚拟现实技术可以提供给使用者全方位的感知觉信息，会使使用者产生如临其境的感受，钱学森先生正是基于这一特点将虚拟现实技术称之为灵境技术。而北京大学的朱照宣等则认为，将虚拟现实技术称之为临境技术更为贴切。第三，交互性。在虚拟环境之中，使用者不是作为被动的信息接受者，而是作为主动的参与者投身其中。比如，在虚拟飞行器中进行飞行训练的飞行员就是通过信息反馈机制与周围的虚拟环境相互作用的。可以认为，这种交互性使虚拟现实成为人类认识与实践的新领域。第四，虚拟的现实性。如果认同虚拟现实是人类认识与实践的新领域，也就会认可虚拟现实是计算机生成的一种新类型的现实客体。

虚拟现实技术有着广阔的应用领域。虚拟驾驶可用来培训飞行员与汽车驾驶员，虚拟学校可改善远程教育的教学效果，虚拟机械设计可降低设计成本、缩短设计时间，虚拟医疗可让医生操纵远程机器人手术刀为患者解除病痛。当然，目的在于入侵别国的虚拟军事演习以及虚拟的暴力色情表演等也会带来严重的社会危害性。

英国阿伯丁大学的技术哲学教授戈登·格雷厄姆在其专著《互联网——哲学的探索》一书中，用"虚拟现实：赛博空间的未来"① 这一句话表述了网络的虚拟性与虚拟现实技术的关系。笔者是这样理解他的这一表述的：将虚拟现实与虚拟现实技术区别开来，虚拟现实不能仅理解为由虚拟现实技术所创建的时空状态，在赛博空间（cyberspace）中的网络交往行为本身也是一种典型的虚拟现实，伴随虚拟现

---

① Graham G：The Internet：*A Philosophical Inquiry*，London：Routledge. 1999. 151.

实技术在互联网上的应用，这两种虚拟现实将融合为一。上文提到的远程沉浸技术即是虚拟现实技术与网络技术的结合，这一技术通过对人体及其周围环境的模拟仿真，使异地交往者克服距离造成的疏远感，增强交往的效果。这样看来，追求模拟仿真的虚拟现实技术似乎与网络的虚拟性无关，实则不然，如果物理现实中的人想以虚拟的身份参与网络社会的交往，他（她）当然可以运用虚拟现实技术为自己设计一个或多个虚拟的形象参与网络社会的交往。可见，利用虚拟现实技术，人们既可以以自己的仿真形象又可以以自己设计的虚拟形象参与网络社会的交往活动，并入虚拟现实技术的网络交往行为既可以是仿真性的又可以是虚拟性的。

3.1.2　网络技术的本体论意蕴

3.1.2.1　两类不同性质的网络虚拟现实

对于网络技术所引发的本体论问题，引起了我国哲学工作者的关注。董见新认为：虚拟现实既不是真实的物理世界，也不是虚无，更不是虚假，但也不是意识，它是一种特殊的存在。虚拟现实本质上是电子象征物，是以信息形式再现的现实。哲学物质观不能以物质和精神的关系来硬套虚拟现实，或者说以现有的物质观来判断虚拟现实的本质是很困难的。换句话说，新技术革命的发展呼唤物质观的发展和完善，以便能科学地揭示虚拟现实的本质及它与真实世界的关系。①

对于网络技术所引发的这一本体论问题，张青松的观点是：如果说传统的唯物论（和思维方式）是一种"实物主义"的实物型的本体论，这种信息时代的唯物论（和思维方式）则应该是一种"虚物主义"的（即虚物型的）本体论，这种信息时代的唯物论，既承认虚物与实物是同在的，同时也承认虚物是实物的主导物、支配物，我们暂且把这种唯物论称之为"辩证虚物论。②

---

　　① 董建新："对网络技术的三点哲学思考"，《津图学刊》，2000 年第 2 期，第 67~72 页。
　　② 张青松："信息文明建设的哲学思考"，《理论探讨》，1997 年第 4 期，第 48~51 页。

　　英国阿伯丁大学的技术哲学教授戈登·格雷厄姆将虚拟现实分为两种类型。一种类型的虚拟现实是物理现实的数字化模拟物，如对食人虎的数字化模拟。另一种类型的虚拟现实是"一种特殊形态的现实"，并以虚拟社会组织为例分析了这种类型的虚拟现实，并将其界定为"一种有自身特色的存在形式"或"在某种程度上的新的世界"①笔者针对格雷厄姆的这一分类，提出网络虚拟现实的本体论问题上，应当区分两种不同类型的虚拟现实，即作为数字化模拟物的虚拟现实和作为数字化社会关系的虚拟现实。董见新认为不能以物质和精神的关系来硬套虚拟现实，或者说以现有的物质观来判断虚拟现实的本质是很困难的。笔者赞同他的观点，笔者将用主客体关系的理论来阐述这一问题。

　　从主客体关系的理论出发，笔者认为第一种类型的虚拟现实，即数字化模拟物应界定为模拟客体，而物理现实中的被模拟物（如食人虎）则应界定为原始客体。董见新认为虚拟现实本质上是电子象征物，笔者认为，这一电子象征物就是笔者所说的数字化模拟物。不过，董见新没有认识到还有第二种类型的虚拟现实。

　　对第二类虚拟现实，格雷厄姆以虚拟社会组织为例指出："一个虚拟社会组织不是一个现实社会组织毫无区别的复制品，而是一个具有特殊性质的新类型的社会组织。"②虚拟社会组织包括虚拟企业、虚拟商店、虚拟政府、虚拟城市、虚拟社团、虚拟医院等。在论述虚拟社会组织与现实社会组织的关系时，格雷厄姆认为"虚拟社会组织是现实社会组织的一个相对贫乏的替代物。"③就此类虚拟现实的哲学本质，笔者认为应将其界定为数字化社会关系。这种社会关系可以是经济关系（如虚拟企业、虚拟商店）；也可以是政治关系（如虚拟政府、虚拟城市、虚拟社团）；也可以是一般的人际关系（如虚拟爱情、虚拟友谊等）。这类社会关系具有虚拟性的特点，就在于物理现实中的人塑造了虚拟现实中的角色并操纵他们建立起新型的社会关系，角色的虚拟

---

① Graham G：The Internet：*A Philosophical Inquiry*，London：Routledge. 1999. 157～160.
② Graham G：The Internet：*A Philosophical Inquiry*，London：Routledge. 1999. 157～160.
③ Graham G：The Internet：*A Philosophical Inquiry*，London：Routledge. 1999. 164～166.

性导致了社会关系的虚拟性。从主客体关系的理论来看，这种新型的社会关系虽由主体建立，但它一旦形成也作为一种客体而与主体处于对立统一的关系之中。可以将这种社会关系归入社会存在范畴，它是一种新型的社会存在。

3.1.2.2　网络虚拟现实与物理现实的关系

在网络虚拟现实与物理现实的关系问题上，就笔者所知有三种观点。第一种观点是张青松的观点，他认为虚物（虚拟现实）是实物（物理现实）的主导物、支配物，把虚拟现实的地位置于物理现实之前。[①] 第二种观点是格雷厄姆的观点，格雷厄姆认为"虚拟社会组织是现实社会组织的一个相对贫乏的替代物"，[②] 即将虚拟现实的地位置于物理现实之后。美国的技术哲学家鲍格曼与格雷厄姆的观点基本相同。第三种观点是弗比克的观点。弗比克不赞同鲍格曼关于信息技术提供给人们现实世界替代品的观点。他认为，网络技术提供给人们与现实世界和他人进行交往的一个中介。因为，按照鲍格曼的观点，网络技术只成为人与外在世界的中介，而不能成为人与人的中介。其实，网络技术的确也提供了人与人进行交往的中介。替代品的观点不能概括网络技术的中介作用，因此弗比克不同意鲍格曼的观点。弗比克更进一步地分析认为，超现实（Hyperrealities）不必然导致与现实的疏远，而是一种"迂回"，这种"迂回"使超现实以真实现实（actual reality）为其目的地。[③] 笔者认为，弗比克所说的超现实（Hyperrealities）其实与虚拟现实（virtual reality）是同一的。依弗比克的观点，虚拟现实是手段（means）而真实现实（actual reality）是目的（ends）。可见，弗比克的观点比格雷厄姆与鲍格曼的观点前进了一步，更有说服力。

笔者对格雷厄姆认为"虚拟社会组织是现实社会组织的一个相对贫乏的替代物。"这一观点有不同看法。笔者认为，虚拟社会组织兼有现实社会组织的替代物与衍生物的双重特点。以经营数字作品的虚拟

---

①　张青松："信息文明建设的哲学思考"，《理论探讨》，1997 年第 4 期，第 48～51 页。

②　Graham G：The Internet：A Philosophical Inquiry，London：Routledge. 1999. 164～166.

③　Phil Mullins：Introduction：*Getting a Grip on Holding on to Reality*，Techne6：1 Fall 2002.

商店为例，在功能上，虚拟商店是现实商店的替代物；在实现该功能的手段上，虚拟商店是现实商店的衍生物。为了实现网上售书的功能，必须对传统商店进行技术改造，通过软硬件系统的设置使合同认证、电子货币的支付、数字作品的下载得以顺利进行。这一系列的工作完成之后，传统商店就衍生为虚拟商店了。笔者认为，其他虚拟社会组织在功能和实现该功能的手段上与虚拟商店都基本相同，所以虚拟社会组织不仅是现实社会组织的替代物，而且是现实社会组织的衍生物。

3.1.2.3 区分两类不同性质的网络虚拟现实的意义

区分两类不同性质的网络虚拟现实具有重要意义，主要体现在以下五个方面。其中，第五方面的意义与网络技术价值二重性问题的研究有关。

第一，笔者查阅了国内学者论述虚拟现实的大量资料，至今未见此种观点。可见，这一观点应引起国内学者的关注，并对此进行更为深入的探讨。

第二，在本体论层面上将虚拟现实分为数字化模拟物与数字化社会关系，有助于解决"virtual reality"（简称 VR）的实质及其译法问题。① 由于 VR 有两种截然不同的含义，将 VR 译为"数字化模拟"②和"虚拟真实"③都有其合理性，但是，由于各自的片面性，又都不是正确的译法。笔者认为，按照约定俗成的叫法，称其为"虚拟现实"或"VR"，并在有必要作区分时，具体指明是哪种类型的虚拟现实就可以了，也就是具体指明是作为数字化模拟物的虚拟现实还是作为数字化社会关系的虚拟现实。

第三，运用主客体关系理论对虚拟现实进行哲学分析，将虚拟现实区分为数字化模拟客体和数字化社会关系客体能够为具体科学，如法学、行政管理学、伦理学、经济学、社会学等提供实用的理论基石。比如：对数字化模拟客体的知识产权法学、证据法学方面的分析；对

---

① 康敏："关于'Virtual Reality'概念问题的研究综述"，《自然辩证法研究》，2002 年第 2 期，第 77 页。

② 杨富斌："虚拟实在与客观实在"，《社会科学论坛》，2001 年第 6 期，第 24 页。

③ 袁品荣："Virtual Reality 翻译种种"，《上海科技翻译》，1998 年第 3 期，第 33 页。

数字化社会关系客体在法学、行政管理学、伦理学、经济学、社会学等学科领域进行较为具体的理论分析等。

第四，本体论问题的解决也为认识与实践论问题的探讨奠定了理论基石。由于虚拟现实既可以对物理现实进行模拟，又给人们之间确立新型社会关系提供了交往平台，它无疑成为人类认识与实践的新领域。从虚拟现实中的认识与实践"迂回"到物理现实中的认识与实践，可以提高人类认识与实践的效能。人们将物理现实中的生产活动、社会活动、科学实验、技术发明等认识与实践活动移入虚拟现实中的目的不是为虚拟而虚拟，虚拟现实中的认识与实践活动是物理现实中的认识与实践活动的一个辅助，主体在虚拟现实这一新的认识与实践领域中的活动要服务于物理现实中的认识与实践活动所提出的各项要求。

第五，本体论、认识与实践论问题的解决也为网络技术价值二重性问题的研究提供了理论基础。网络技术的价值二重性体现在人类认识与实践活动的过程与结果之中。网络虚拟现实的出现，也使技术价值二重性实现的领域，由原来单一的物理现实领域，变成物理现实领域和与物理现实领域有着密切关系的网络虚拟现实领域。网络虚拟现实的出现，使技术价值二重性的实现呈现出共性基础上的特性，相应出现的许多问题有待人们进一步地研究与探索。笔者的研究工作，就是在研究技术价值二重性的共性基础上，探讨网络技术价值二重性的特性问题。

3.2　网络技术价值二重性释义

3.2.1　网络技术价值的含义

技术是作为主体的人基于其价值观，在改造客体的过程中，自觉或不自觉地运用了自然规律（自然科学和社会科学的知识），所采用的工具与方法，技术体现在主体创造一定价值或实现一定价值的劳动活动的过程之中。

价值就是客体与主体需求之间的一种特定关系，这种关系是由客体的属性为前提条件的，如果客体的自然属性与主体的劳动相结合，价值就是一种无差别的人类劳动。客体对主体也会产生反作用，这种反作用体现出客体给主体带来可预见或不可预见的效应，这些效应有些是正效应（对主体有积极意义），有些是负效应（对主体有消极意义）。

人们对于技术应用会产生正负面后果（价值）一般没有争议，但在技术本身是否有价值属性问题上，有两种观点。① 一种观点是技术中立论，另一种观点是技术价值论。技术中立论与技术价值论之争一直是技术哲学领域中的一个疑难问题。

技术中立论认为，技术本身只是一种工具性的手段，技术在政治上、伦理上和文化上是中性的，技术可以服务于任何目的，技术本身不能从好坏、善恶来衡量，技术好坏、善恶的价值判断只有在技术应用于社会目的后才能表现出来。

技术价值论认为技术本身并非是一种中性的手段，他负荷着特定社会中作为主体的人的价值，技术本身可以用好坏、善恶来衡量。技术价值论主要表现为社会建构论（social constructivism）和技术决定论（technological determinism）两种理论观点，其中技术决定论又有乐观主义技术决定论和悲观主义技术决定论之分。

其实，技术是由技术自然属性与社会属性共同构成的矛盾统一体。技术中立论只是承认技术具有不包含任何价值判断的自然属性，而否认技术本身包含有价值判断的社会属性；技术价值论只是承认技术包含有负荷价值判断的社会属性，而忽视了技术具有不含任何价值判断的自然属性。因此，技术中立论和技术价值论都是片面的观点，他们都只看到了技术的某一方面的属性，而没有将这两方面的属性统一起来。克服二者的片面性，就会发现：技术是由技术自然属性与社会属性共同构成的矛盾统一体。

以上分析表明，技术价值具有五方面的含义：①技术价值是技术主体对技术客体在技术主体应用技术客体改造客体（自然、社会和人

---

① 陈昌曙：《自然辩证法概论新编》，东北大学出版社 2000 年版，第 289 页。

本身）过程中满足技术主体需求程度的一种评价；②技术价值是技术客体的自然属性与技术主体的价值判断相结合的矛盾统一体；③技术价值可以用无差别的人类劳动来衡量；④技术客体一旦产生，就具有相对的独立性，技术主体应用技术客体改造客体（自然、社会和人本身），亦即技术价值的实现过程，会产生技术主体所追求的积极效应（即需求价值），也会产生技术主体所能预见或不能预见的正负面效应价值。⑤技术客体一旦产生，除了可以被创造它的技术主体所应用以外，还可以被其他技术主体所应用，由于价值观的分歧性与相对性，从创造技术客体的技术主体的价值视角来看，技术客体的应用所产生的效应价值，也包括可预见的正负价值和不可预见的正负价值。

网络技术是技术的一种新兴类型，网络技术价值也是技术价值的一种表现形式，网络技术价值也同样具有五个方面的含义：①网络技术价值是网络技术主体对网络技术客体在网络技术主体应用网络技术客体改造客体（自然、社会和人本身）过程中满足网络技术主体需求程度的一种评价；②网络技术价值是网络技术客体的自然属性与网络技术主体的价值判断相结合的矛盾统一体；③网络技术价值可以用无差别的人类劳动来衡量；④网络技术客体一旦产生，就具有相对的独立性，网络技术主体应用网络技术客体改造客体（自然、社会和人本身），亦即网络技术价值的实现过程，会产生网络技术主体所追求的积极效应（即需求价值），也会产生网络技术主体所能预见或不能预见的正负面效应价值。⑤网络技术客体一旦产生，除了可以被创造它的网络技术主体所应用以外，还可以被其他网络技术主体所应用，由于价值观的分歧性与相对性，从创造网络技术客体的网络技术主体的价值视角来看，网络技术客体的应用所产生的效应价值，也包括可预见的正负价值和不可预见的正负价值。

3.2.2 网络技术价值二重性的含义

从技术的潜在价值到现实价值（新的潜在价值），从新的潜在价值再到新的技术的现实价值，循环往复，以至无穷，体现了技术价值的演化模式。

技术价值二重性是主体从其利益和需求出发,对技术现实价值的正负向实现的评价。技术价值是技术潜在价值与现实价值的统一,技术的潜在价值只有转化为现实价值,才能满足主体的需求并对主体产生正面或负面的效应。因此对于主体而言,对于技术潜在价值的正负面价值可以预测,而不能进行现实的评价。因此,技术价值的二重性是主体对技术现实价值二重性的评价。技术现实价值是技术显在价值(需求价值、正负预期价值)和技术不期价值的统一。技术现实价值的二重性似乎是一种不证自明的社会现象,一种客观规律,追问其根源,它是主客体对立统一关系、主体自身以及主体之间价值观对立统一关系的具体体现。

技术价值二重性具体体现在技术在自然生态层面、社会关系层面和人本层面技术现实价值的正负向实现。技术在自然生态层面的价值二重性,是从人类改造自然的能力(生产力)的角度,审视人类能动地应用技术改造自然生态满足自己的需求,自然生态的改变给人类带来的正负面影响。技术在社会关系层面的价值二重性,是从人类组成一定的社会关系(生产关系)应用技术以改造自然的角度,审视生产力和科学技术的发展,对人类社会关系产生的正负面价值实现。技术在人本层面的价值二重性,是技术在人类认识能力、伦理观念、审美意识、身心健康等精神领域中的正负面价值实现。

网络技术价值的二重性是主体对网络技术现实价值二重性的评价。网络技术现实价值的二重性是一种不证自明的社会现象,一种客观规律,追问其根源,它是主客体对立统一关系、主体自身以及主体之间价值观对立统一关系的具体体现。

网络技术价值二重性具体体现为网络技术在自然生态层面、社会关系层面和人本层面网络技术现实价值的正负向实现。网络技术在自然生态层面的价值二重性,是从人类改造自然的能力(生产力)的角度,审视人类能动地应用网络技术改造自然满足自己的需求,自然生态的改变给人类带来的正负面影响。网络技术在社会关系层面的价值二重性,是从人类组成一定的社会关系(生产关系)应用网络技术以改造自然的角度,审视生产力和科学技术的发展,对人类社会关系(主要是经济关系和政治关系)产生的正负面价值实现。对网络技术在社会关系层面的价值二重性，笔者主要探讨网络技术的经济价值二重性和网络技术的政治价值二重性。网络技术在人本层面的价值二重性，是网络技术在人类认识能力、伦理观念、审美意识、身心健康等精神领域中的正负面价值实现。

3.3 网络技术的生态价值二重性

3.3.1 网络技术的生态正价值

从热力学第二定律即熵的定律的视角来看，较之传统"耗能型"技术，网络技术是一种熵增较小的"绿色技术"。"战后的石油文明逐渐衰落，能源与资源危机日益明显，'自然资源有限论'使技术发展的方向产生重大变化，技术进步的主流开始从大型化、多批量和高速化转变到小型化、信息化和节省资源化的方向上来……属于'脱能型产业'的微电子技术在现代工业发展中独占鳌头。与此形成鲜明对照的是，像钢铁等某些'耗能型产业'以及有碍环境的某些产业技术，其发展都步履蹒跚，甚至止步不前。"① 从环境保护，可持续发展的角度来看，网络技术不仅可以满足人类短期的需求，而且使人类长期的需求——环境、资源、人口与就业等方面的需求也能较好地得到满足。

由于网路虚拟现实已成为人类认识与实践的新领域，人们可以把一些对生态环境有较大影响的实践活动，例如科学实验、技术试验、军事演习等，由传统的物理现实领域移入网路虚拟现实领域，从而减轻这些实践活动的环境负荷。

此外，应用网络技术改造传统产业，尽力减少单位 GDP 的能源消耗，既可以使传统产业焕发新的生命力，也可以减轻传统产业对生态环境的负面影响。

3.3.2 网络技术的生态负价值

"从熵增原理——热力学第二定律来看，信息作为使组织有序是相

---

① 陈凡、张明国：《解析技术》，福建人民出版社 2002 年版，第 86 页。

对的，信息作为熵增或成为污染、垃圾是绝对的。"① 虽然发展网络技术较之发展传统"耗能型技术"，由于耗费能量与社会经济效益之比相对较小，因而熵增较小，有利于社会系统的可持续发展；但是由于网络技术也必然会引起熵增，而社会环境系统的负担能力也是有限的，因而对网络技术的开发与应用，也必须纳入使经济、社会、环境、人口等要素协调可持续发展的社会大系统之中。

　　由于网络技术能够满足人们经济、政治、教育、文化、休闲、娱乐等多方面的需求，在各国政府的大力推动下，得到了广泛的应用与发展。网络技术在现代电子信息技术的推动下以任何其他技术都无法比拟的速度发展着。历史上，无线广播技术经过 38 年的发展使 5000 万人得以享用；电视技术的发展经过 13 年达到了这个水平；自从第一台微机出现到 5000 万人正在使用经历了 16 年的时间；而国际互联网自从向公众开放，只用了 4 年的时间就达到了 5000 万人使用的水平。由于网络的发展，使用计算机的人也越来越多，以我国为例：截止到 2003 年 12 月 31 日，我国的上网计算机总数已达 3089 万台，同上一次调查结果相比，我国的上网计算机总数半年增加了 517 万台，增长率为 20.1%，和 2002 年同期相比增长 48.3%，是 1997 年 10 月第一次调查结果 29.9 万台的 103.3 倍。

　　目前，伴随网络技术的快速发展与应用，大量废弃的计算机零部件所形成的电子垃圾已成为困扰世界各国的一个严重的环境问题。电子垃圾就是废旧电子信息产品所形成的废弃物。电子信息产品包括电子雷达产品、电子通信产品、广播电视产品、计算机产品、家用电子产品、电子测量仪器产品、电子专用产品、电子元器件产品、电子应用产品、电子材料产品等。由于网络技术的广泛渗透性，上述电子信息产品都有可能与网络技术相关，它们处于网络技术的硬件层面。由于电子产品更新换代速度快，电子垃圾的产生速度也很快。美国是世界上最大的电子产品生产国和电子垃圾的制造国，每年产生的电子垃圾高达 700～800 万吨，而且还在迅速增长。美国硅谷有毒物质联盟的

---

① 崔晓西：《流动的边界——网络与信息》，厦门大学出版社 2000 年版，第 187 页。

一份报告指出：如果美国所有的消费者决定在同一时间（2008～2009年）淘汰过时的计算机，那么，美国电子垃圾就将出现"海啸"。根据最保守的估计，2006～2015 年美国电子垃圾的再生以及处理费用至少是 108 亿美元。据统计，欧洲每年也将产生 600 万吨电子垃圾，到 2010 年其电子垃圾数量将增加到 1200 万吨。我国每年淘汰的电视、洗衣机、冰箱、空调、计算机数量在 2000 万台以上，报废手机达 7000 万部。

电子垃圾的危害性在于其中的有毒有害物质会对环境造成污染、并对人体健康造成危害。废旧的电子设备含有很多有毒有害物质，可渗入地下水，焚烧后会放出二恶英等致癌物质。电子垃圾中的有毒有害物质主要包括铅、汞、镉、六价铬、聚合溴化联苯（PBB）、聚合溴化联苯乙醚（PBDE）等 6 种有毒有害物质。

3.4　网络技术的社会价值二重性

3.4.1　网络技术的经济价值二重性

随着网络技术和互联网的出现，也出现了网络经济。什么是网络经济（Network Economy）？目前尚无统一定义。从字面上理解，网络经济就是基于网络技术和互联网所产生的经济活动的总和。中国国家开发银行副行长王益概括网络经济是以信息技术尤其是以网络技术为主要动力的经济，它是社会经济的未来发展模式；中国社会科学院副研究员倪月菊则认为网络经济是建立在网络技术和人力资本基础上的经济形式，是由直接从互联网和互联网相关的产品和服务中，获得全部或部分收入的企业构成的经济，网络经济只是"知识经济"和"新经济"的一个层面和表象；国际数据公司副总裁皮苏新认为，网络基础设施加上电子商务就是网络经济，其中网络基础设施包括信息科学基础设施（如计算机技术、软件技术、资讯设备等）和商业基础设施（市场与销售、专业服务、内容制作、教育培训、研究与发展的因素等）。

国家信息中心研究员乌家培对网络经济做出了较权威的界定，他指出网络经济可从不同层面去认识它的含义。从经济形态这一最高层面看，网络经济有别于游牧经济、农业经济、工业经济，它是一种信息经济或知识经济。由于所说的网络是数字网络，所以它又是数字经济。从产业发展的中观层面看，网络经济就是与电子商务紧密相连的网络产业，即包括网络贸易、网络银行、网络企业以及其他商务性网络活动，又包括网络基础设施、网络设备和产品以及各种网络服务建设、生产和提供等经济活动，这就是目前信息产业界人士所宣扬的网络经济，它可以细分为互联网的基础层、应用层、服务层、商务层；从企业营销、居民消费或投资的微观层面看，网络经济则是一个网络大市场或大型的虚拟市场。①

网络经济与传统经济相比有如下几个主要特点：（1）网络经济是全天候运行的经济；（2）网络经济是全球化的经济；（3）网络经济是中间层次作用削减的"直接经济"；（4）网络经济是虚拟经济；（5）网络经济是信息型经济；（6）网络经济是速度型经济；（7）网络经济是创新型经济。

网络技术的经济价值二重性，是指网络技术在网络经济领域的价值二重性，具体表现为，网络技术在推动生产力三大要素变革、商务活动变革、传统产业技术改造等正向价值实现的同时，也引发了以"数字鸿沟"和网络安全问题为关键性问题的负向价值实现问题。

3.4.1.1　网络技术的经济正价值

网络技术引起了经济领域的大变革。首先，生产力的三大要素发生变革。许多劳动者都成为掌握信息技术的知识型劳动者，受过高等教育的劳动者人数逐渐增多，劳动者被分为知识型白领与知识型蓝领；② 劳动工具也由传统的机器变为由电脑控制、或者与互联网相连接的智能化机器设备；信息与知识成为主要的劳动对象，创造、选择、编排与传播信息与知识已经成为许多劳动者的职业。知识、信息也成

---

① 乌家培：《信息经济》，清华大学出版社 1993 年版，第 56～78 页。
② 孙雷：《信息技术人才成长特性分析》（东北大学博士论文），2002 年发表，第 56 页。

为社会的主要财富，使像比尔·盖茨这样的许多年轻人在十几年时间里积累了钢铁巨头、石油巨头在几十年、几百年才能积累的财富。应用网络技术所创造的网络信息服务业，如网络教育、网络医疗、网络咨询等，将成为国民经济的支柱产业之一。网络技术成就了人类历史上一个经济变革时代，它将人类带入了信息时代或知识经济时代，将网络经济视为泡沫经济的观点过于悲观，在知识经济时代，网络经济必将成为占主导地位的经济形态。

其次，网络技术也引起了商务领域中的变革，主要体现为经济全球一体化加剧、中间环节减弱、商务活动的全天候运作、产生新的电子商务法律部门等。网络技术使早已存在十几年的电子商务日益成为商业界的一个热点，而这应当归功于网络媒体的特点。网络媒体的互动性、全球性和融合性，使电子商务借助网络技术，引发了一场商务领域中的变革。(1) 网络媒体的全球性、互动性便利了全世界范围内市场主体之间信息的交流，使企业内部部门与成员之间、企业与企业之间、企业与金融机构之间、企业与消费者之间、企业、消费者与政府之间实现了低成本高效率的联系。(2) 网络媒体的互动性削弱了商务的中间环节，使多级分销体系向单级分销体系转化。(3) 网络媒体的全球性使市场对资源配置更加合理，更加有力地打破了经济与政治方面的垄断，使企业更好地参与市场竞争，使消费者能够买到更为价廉物美的商品。(4) 网络媒体的全球性确实使企业增加了更多发展的机会，很多企业正是通过网络使自己的销售额大幅度地增加。(5) 网络媒体的融合性使在知识经济占统治地位的交易对象——信息产品得以借助网络签订转让或使用许可合同，再通过网络支付系统付款后，通过网络传送给受让方或被许可方，使完全意义上的电子商务交易方式成为可能。(6) 网络服务器可以一天 24 小时不间断提供信息服务，这也使全天候商务活动成为可能。(7) 电子商务法律部门出现，这一新的法律部门主要由电子商务经营者法律制度、电子商务网络安全法律制度、网络隐私权法律制度、网络知识产权法律制度、电子合同法律制度、网络仲裁与诉讼法律制度、电子证据法律制度等组成。

再次，网络技术发展将刺激和带动传统产业的技术改造，从而引起物质资料生产方式的变革，进而导致产业结构的优化并加速产品的升级换代。网络技术通过转变信息采集、存储、加工、利用的传统方式，改变传统产业产品的生产组织过程；通过提高劳动生产率，节约资源，降低消耗，提高产品的生产效益。

3.4.1.2 网络技术的经济负价值

网络技术在经济领域中的负向价值实现，体现在许多方面，其中"数字鸿沟"和网络安全问题显得尤为突出。

（1）"数字鸿沟"问题

网络技术在经济领域中的正向价值实现，对发达国家和发达地区已成为一种现实，而对于包括中国在内的广大发展中国家和不发达地区只是一种技术进步带来的经济发展的可能性。在网络技术创新与应用上的差距，将会拉大南北差距，恶化发展中国家的贸易条件，这就是所谓的"数字鸿沟"问题。我国作为世界上最大的发展中国家，应当认识到这个问题的严重性，积极面对网络技术所带来的机遇与挑战，通过网络化来推动中国的现代化，缩小中国与发达国家之间的差距。

国家统计局 2000 年发表的研究成果表明，美国是世界上网络技术应用最为广泛的国家，其后是日本、澳大利亚、加拿大等国，我国在 28 个国家和地区样本中居倒数第二位，如果不加快发展，我国与发达国家之间的差距还可能拉大。

网络技术在网络经济发展中的作用举足轻重。网络技术跟不上，网络经济可谓无源之水、无本之木。目前国内支持网络技术发展的开发和制造技术基础薄弱，所用的大部分设备和技术都是从发达国家进口的。我国具有自主知识产权的技术及产品少，尤其是核心技术掌握在他人的手中，高、精、尖技术在很大程度上依赖发达国家的技术基础和技术支持。目前构成中国信息基础设施的网络、关键芯片、系统软件、支撑软件等主要由国外的设备和核心技术所垄断，一些重大技术项目的实施还有赖于国外公司的参与才能进行。例如，作为互联网主要设备的服务器、路由器等绝大部分要依赖进口，而美国思科公司、IBM 等占有绝对优势和较大的市场份额。据统计：互联网发展到今天已有三十余年，出现了 3180 个技术标准文档（RFC），中国只有一个；

万维网发展到今天已有十余载时间，出现了 46 个技术标准，中国一个也没有，这些标准也主要是由发达国家参与制定的。由此可见，中国网络技术创新严重不足，受国外技术控制严重。

网络经济发展过程中存在诸多亟待解决的技术问题，这些成为制约网络经济发展的重要因素。第一，我国电脑普及率较低，电脑进入家庭的比率很低，而其中上网的电脑则更少，而网络经济的物质基础之一就是要有较多的电脑联结到互联网上。据统计，到 2000 年 5 月止，我国计算机普及率低于 20%，只有 5.5% 的家庭拥有微机，这一比率远远低于发达国家和地区。第二，网上支付方式发展滞后。信用卡在网上安全、广泛地运用于结算是网络经济得以迅速发展的主要技术支持之一。真正的网上购物应该采用电子支付方式。然而，我国的现状是，由于银行介入不够，人们不得不大量采用传统的结算方式。此外，网上支付的安全问题也使得许多人害怕在网上使用信用卡。第三，较高的网络使用费制约着网络营销的发展。与国外相比，我国的通讯费和网络使用费都较高，这使得网上经营成本居高不下。据 2000 年初统计，我国居民每小时标准上网费 6.6 元，约为美国居民的 15 倍。

（2）网络安全问题

网络技术经济价值负向实现的另一个突出问题就是网络安全问题。网络交易是通过网络来传输商务信息和进行交易的，这就要求网络间的数据传递、交换和处理要有很高的安全系数。但网络给人们带来方便的同时，也把人们引进了安全陷阱。全球网络安全问题以每年 30% 的速度增加，据中国互联网中心 2002 年 1 月调查显示：2001 年，有 63.3% 的用户的计算机曾被入侵过；而对用户调查目前"网上交易存在的最大问题"时，"安全性得不到保障"的回答居首位。

计算机领域所说的安全主要是指企业的信息资产不受未经授权的访问、使用、篡改或破坏。安全专家通常把计算机安全分成三类，即保密、完整和即需。保密是指防止未经授权的数据暴露并确保数据源的可靠性；完整是防止未经授权的数据修改；即需是防止延迟或拒绝服务。例如，非法闯入企业的信息管理系统获取了企业的商业秘密，就是将处于保密状态的信息非法获取；假如一个电子邮件的内容被篡改了原意，我们就说发生了对邮件完整性的破坏；在投标截止前 5 分钟你递交了最高出价，结果受到了竞争对手的攻击，你的出价直到投标截止后才递交到负责拍卖的网站，这就是对即需性的一种破坏。

传统的交易方式往往是面对面的交易，交易双方受到社会公众舆论监督、法律制裁等的约束，使得传统的商业道德能够得到相对较好的维护。但是网络技术的虚拟性，给交易主体的身份确认和监督带来了困难，交易主体是否遵守传统商业道德规范很难辨别，网络交易安全问题十分突出。网络交易安全问题主要涉及网络隐私权、网络知识产权、网络欺诈、网络犯罪等。

网络隐私权主要是指公民在网上享有的私人生活安宁与私人信息依法受到保护，个人信息资料不被他人非法侵犯、知悉、搜集、复制、公开和利用的一种人格权；也指禁止在网上泄露某些与个人有关的敏感信息，包括事实、图像以及毁损的意见等。网络技术在商务领域中的应用改变了传统的交易关系，对维护公民网络隐私权提出了新的挑战。在个人数据收集、个人数据二次开发利用、个人数据交易等环节都可能产生侵犯公民网络隐私权的问题。例如，电信企业收集消费者的电话、手机号码、发送垃圾邮件或短消息，或者将号码提供给第三人；网站通过跟踪消费者的网上购物，在消费者不知情的情况下获得了关于其购物习惯、消费喜好、经济状况等信息，再经过专门的数据库进行加工整理，从中得到有商业价值的资料，用于生产经营目的；收费电子邮箱的经营者利用网络技术的便利条件，私自拆封、泄露、篡改他人电子邮件通信内容或出卖用户的电子邮件地址等。根据澳大利亚佛里希尔法律公司 2000 年的一份调查显示，由于澳大利亚的商业网站缺乏对消费者隐私权的充分保护，很多消费者不愿意通过互联网络来传递一些重要的个人信息资料，这在很大程度上妨碍了澳大利亚电子商务的发展。由于美国通过行业自律保护网上隐私权的做法不被欧盟所认可，欧盟认为美国人的行为准则很难保证欧洲网络消费者的利益，在保护水平上欧盟与美国争论不休，结果导致了欧美之间电子商务和网络合作受到严重阻碍。经过 2 年时间的谈判，2002 年美国与欧盟终于就保护网络个人信息资料达成了初步协议。可见，恰如其分的保护网络个人隐私权的意义在于，更好地促进网络经济的发展。

　　在网络经济中重要的一类商品就是网络上的信息产品，如软件作品、数据库作品或制品、数字化的影视作品、数字化的音乐作品、以及数字化的录音录像制品等。这些网上的信息产品，具有复制技术性强、迅速、便利、成本低、精确度高等特点，网络数字化作品被千百次复制亦不会出现作品复制件劣化的现象。再加之网络的全球性特点，一旦侵权发生，则被侵权的信息产品就将被互联网传遍全球，给网络作品的权利人造成巨大的损害。较之传统媒体，网络媒体的知识产权保护是网络时代的一大难题。此外，虚拟现实中的域名权与物理现实中传统的商业标识权，如商标权、企业名称权发生的相互冲突是网络经济领域中的热点问题之一，也亟待得到妥善地解决。①

　　网络欺诈现象也十分严重，主要表现在履约率低、债务人逃避债务、假冒伪劣商品、企业虚假披露、虚假广告、甚至虚假的财务报告等。特别是一些网络企业的行为对人们的影响更大，如不久前网易的虚报财务事件，导致在 NASDAQ 被摘牌；著名电子商务网站 8848 曾经红极一时，但网站在流动资金周转不灵时，用人去楼空来逃避债务，同时欺骗了供货商和消费者，至今仍有很多消费者和供货商没有得到赔偿。② 我国信用制度滞后，不像美国、欧洲等发达国家对个人、企业、政府都有信用评价。在信用制度健全的国家，人们把信用看得比生命更重要。如果我国不尽快出台信用制度，势必会在很长一段时间影响商业信誉建设。网络交易与传统的交易相比对信用的要求更高，要发展网络经济必须先加强信用建设。

　　网络犯罪问题日益严重，"黑客"袭击网站的新闻时常见诸报端，据调查，全球平均 20 秒钟就发生一起"黑客"事件，"网络恐怖主义"更是被美国列为未来影响国家安全的首要因素。一些恶意的"黑

---

　　① 赵兴宏、毛牧然：《网络法律与伦理问题研究》，东北大学出版社 2003 年版，第 62 页。

　　② 陈永强："诚信——中国电子商务发展的瓶颈"，《杭州教育学院学报》，2002 年第 2 期，第 47～50 页。

客"在侵入信息系统之后，进行恶意的破坏，比如，窃取信息资料、歪曲篡改信息资料的内容、将病毒植入信息系统并使系统瘫痪等。恶意黑客的破坏行为严重妨碍了网络经济的安全、健康发展。

3.4.2 网络技术的政治价值二重性

不同的学者，给政治下了不同的定义。美国当代政治学家哈罗德·拉斯韦尔认为："研究政治就是研究权力的形成和分享"。① 德国著名的社会学家马克斯·韦伯指出："政治意指力求分享权力或力求影响权力的分配"。美国当代政治学家 G. 庞顿和 P. 吉尔认为："政治活动可以被认为是与对人的集体生活的管理联系在一起的"。英国政治学家麦肯齐也曾指出："目前在英国最通用的定义是奥克肖特的定义，即政治是'参与一个社会的全面管理'的进程"。

马克思主义政治学理论认为，政治是阶级社会中以经济为基础的上层建筑，是经济的集中体现，是人们围绕着特定利益，以政治权力为核心展开的各种社会活动和社会关系的总和。

那么什么是网络政治？顾名思义，网络政治是研究与网络有关的政治问题。美国网络政治学者纳扎里·乔克里（N·choucri）在《国际关系中的网络政治导论》一文中认为，网络政治主要是探讨虚拟空间中的政治问题，即"谁得到什么，何时得到，如何得到"。② 美国学者马克·斯劳卡在《大冲突—赛博空间和高科技对现实的威胁》一书中说，网络政治"是指那些有可能永远地模糊真实和虚幻之间的界线的技术，将给政治带来的影响"。③ 由此可见，网络政治主要是研究网络与政治的关系，包括网络对政治的影响和网络空间中的具体政治问题。

网络政治主要探讨两大主题：（1）网络对政治的影响，包括网络

---

① ［美］拉斯韦尔·卡普兰：《权利与社会—政治学研究的框架》，美国耶鲁大学出版社 1950 年版，第 9 页。

② Choucri, Nazil. Introduction: *Cyberpolitics in the International Relations*, International Political Science Review, 2000, Vol. 21, No. 3. 244.

③ ［美］马克·斯劳卡：《大冲突—赛博空间和高科技对现实的威胁》，江西教育出版社 1999 年版，第 152 页。

对政治制度和政治过程的影响、对政治参与的影响和对国际政治的影响等。（2）网络空间的政治问题，如网络空间的政治性质、网络空间中的权力、虚拟国家、网络管理等。

本书以技术价值观为视角，从主体的技术价值观视角来看，网络对政治的影响有正面的价值实现，也有负面的价值实现，所以网络对政治的影响问题可以理解为网络技术的政治价值二重性问题。本文首先探讨网络技术在直接民主和政府管理的民主化方面的正向价值实现，之后探讨"数字鸿沟"和网络安全问题给民主政治和政府管理带来的负面价值实现，并在以后的章节分析其原因并寻求消解负面价值的办法。

3.4.2.1　网络技术的政治正价值

（1）直接民主

从古代奴隶社会到当代，民众大多数情况下都不可能直接行使自己管理公共事务的权利，而是选举代表来代表自己行使公共事务的管理权，因而就出现了间接民主（代议制民主）与直接民主的区别。英国技术哲学家格雷厄姆认为，较之直接民主，代议制间接民主有以下缺陷：①选民之间可能彼此意见并不一致，但是由于多数票即可当选，因此选出的代表可能只能代表多数选民的意见和利益，而少数选民的意见和利益则被忽视。②选民选出代表以后，代表就可能脱离选民的影响，而去处理事先不能预测的一些事情。如果没有设立临时授权的机制，那么代表对未经授权事件的处理就可能损害选民的利益。③每一个选民都有一个平等的投票权。由于一些选民学识浅薄，或者有某些偏见，或者具有一些不正常的心态，而可能选出没有执政素质的人作为代表或者公职人员，从而致使立法或者公共管理事务不能很好地被代理。④政府可能打着"多数人的统治（利益或意见）"，而假借民主之名而行专制之实，侵犯民众的合法权益。因为民众每个人手中只有一票表决权，一票表决权对这种假民主自然显得无能为力，因而使选民对自己的一票表决权感觉到无足轻重。①

---

① Graham G：The Internet：*A Philosophical Inquiry*，London：Routledge. 1999. 75~77.

我国虽然是人民民主专政的社会主义国家，但是受几千年封建专制统治思想的影响，格雷厄姆所阐述的间接民主制的缺点在我国也有所表现，并且呈现出自身的特殊性，我国选举制度的主要问题有：①我国由于实行多级间接选举制，直接民主更加难以体现。市级以上人大代表都不是普选产生的，而是由下级人大代表选举产生的，这样选民与代表之间的沟通就更加困难了。②"在选举过程中，政党之间似乎没有竞争"，① 上级组织部门对候选人提名的干预较大，因而使政治市场缺乏活力，民主氛围不强。候选人在竞选中对自己的介绍不充分，选举委员会对候选人的介绍也较少，很多选民是在不太了解候选人的情况下投的票。③有些人大代表虽然是各行各业的专业人才，但是参政议政能力并不强，当选代表之后无法很好地履行人民代表的职权。④选民对行使选举权，一般都视之为义务，选举的权利意识不强，参与选举的积极性不高，选举过程较为随意、盲从，缺乏理性的参选。

针对间接民主存在的缺陷，网络技术能否对这一问题的解决有所帮助？答案是肯定的。网络技术的交互性使直接民主有了实现的可能性。例如，选民可以运用电子邮件来投票或者直接表决议题。电子邮件技术将书信、电话、传真等传统技术的优点加以融合，具有经济、快速、有足够的思考时间、私密、可选择时间发送、可将一封电子邮件同时发给多人等优点。② 传播学者马歇尔·麦克卢汉（M. Mcluhan）在《人的延伸——媒介通论》一书中预言："随着信息运动的增加，政治变化的趋向是逐渐偏离选民代表政治，走向全民立即卷入中央决策行为的政治。"概括网络技术实现直接民主的优越性，主要体现在以下几个方面：①网民可以选择时间、地点来访问网页，了解候选人的一些情况，而传统媒体如广播、电视却做不到这一点。②由于政府无法向监管传统媒体那样来监管互联网，使网民可以看到针对同一议题的不同观点与事实，为网民做出理性的判断提供丰富的资料。③网络软件提供了方便的检索工具，也便于网民从海量的信息中找到自己所关

---

① 谢宝富："当代中国选举制度若干问题分析"，《深圳大学学报》（人文社会科学版），2002 年第 1 期，第 67～73 页。

② Graham G：The Internet：*A Philosophical Inquiry*，London：Routledge. 1999. 66～71.

心的内容。由于网民得到网络技术的支持，对于候选人或者需要表决的议题都有了比较充分的认识，因此他们在投票选举或者投票表决议题时都能够做出比较理性的判断；④网络把各地区联为一体，民主参与变得十分快捷。网民可以足不出户，在家里按几下键，点几下鼠标，就能对国家和地区事务发表自己的看法。⑤民主参与的成本大大降低。随着计算机性能的提高和价格的不断降低，家用电脑越来越普及，网络费用也越来越低廉。

（2）政府管理的民主化

网络技术在直接民主方面的积极影响，也推动了政府管理的民主化进程，使政府职能和政府组织形式的变革成为可能。

网络技术作为一种具有变革社会能力的技术，对于传统政府职能和组织形式是否具有变革的作用？这种变革是民主化的进程？还是集权化的进程？还是二者兼有？① 笔者认为，网络技术作为人类手中的一种工具，从积极的方面来看，可以促进政治民主化进程；从消极的方面来看，则是新的集权统治的工具。本文，先从积极的方面，后从消极的方面进行阐述。

互联网是一个没有中央控制中心的全球性开放式媒体工具，网上的每一个节点都可以成为一个信息发布与接受的中心，因而任何国家的政府都不可能像控制报刊、广播、电视等传统媒体那样对互联网进行严格的监控。网络技术具有抑制独裁专制的能力。互联网出现以前，独裁专制势力能够用控制信息的办法来控制人们，而如今有了互联网，信息不再会被控制，也就是说人们不再被控制和压抑。暴行一旦发生，整个世界就会立即知道。例如，1998 年 5 月，印尼首都雅加达的 27 个地区发生暴乱，造成 1198 人丧生、150 名妇女被强奸，受害者主要是华人。该暴乱事件经新加坡联合早报电子版报道后，在全球引起巨大的反响，特别是激起华人社会的愤怒。网上印尼局势讨论区开辟的当日，便有数十条电子邮件一拥而入谴责暴行。此后读者来信每次上百件，可谓人声鼎沸。在国际社会的舆论压力下，印尼总统哈比比不

---

① 赵晓红、安维复："网络社会：一种共享的交往模式"，《自然辩证法研究》，2003 年第 10 期，第 60～63 页。

得不宣布设立一个独立委员会，负责调查暴乱期间妇女遭强奸的案件，并设立了一个全国调查委员会，负责调查当时的暴乱事件。① 这一事件表明，即使政府想对外封锁消息，只要该国有互联网，就会将这一事件传遍全世界，从而引起国际社会的广泛关注，并在社会公众的强烈要求下，迫使政府采取进一步的行动来解决有关的政治问题。笔者认为网络技术的无中心性、交互性、虚拟性等特点给政府管理民主化带来了两种变革的可能性。

第一种可能性是变"大管理小服务型"政府为"小管理大服务型"政府。

互联网的无中心性使得任何一个国家的政府都无力像管理传统媒体那样来管理互联网，互联网成为一个对传统政治权力解构的革命性的技术力量。人们可以基于个人的兴趣、政治主张、共同利益等，在互联网上结成虚拟社会团体，讨论各种政治问题。专制政府无法拒绝互联网也就无法过多地干涉互联网，从而使专制的政治统治无法进行下去，互联网就推进了社会的民主化进程，使政府的职能从重管制轻服务向重服务轻管制的模式转变。美国政治学教授波利特认为，网络的兴起对自由主义国家（人民主权国家）与现实主义国家（依据领土和权力进行统治的专制国家）将会产生不同的效果。对于自由主义主权国家，网络技术将促使这些国家更加关心公共利益，加强法治，在网络世界中得到生存并更加繁荣；而对于现实主义国家，网络技术将威胁这类国家的生存，这些国家如果不改变其政府职能，将有被颠覆的危险。②

现代政府就是实现了从以管制为主、服务为辅的职能模式向以管制为辅、服务为主职能模式转变的政府。中国加入 WTO 之后，不仅企业要转变经营模式以适应世界经济全球化发展的趋势，作为企业发展环境提供者的政府也必须转变职能，与国际上发达国家通行的现代政府管理模式接轨，才能使中国入世后能够应对国际竞争的各种压力，

① 巫汉祥：《寻找另类空间—网络与生存》，厦门大学出版社 2000 年版，第 38、19 页。
② ［美］亨利·H·波利特："互联网对主权构成威胁吗"，《印地安那全球法学研究学报》，1998 年第 5 期，第 423 页。

在国际经济、政治领域中立于不败之地。

第二种可能性是变金字塔式的政府组织形式为扁平化的政府组织形式。

网络技术使上层管理人员能够借助互联网直接了解基层管理人员以及社会公众的实际情况，减少因中间管理环节过多的原因而导致的信息失真、政策措施走样等现象的发生。一方面可以精简政府中间层次的管理人员数量，减少财政支出，提高人民的生活水平；另一方面也可使上层决策实现民主化，政策得以高效、便民地落实，树立廉政、勤政的政府形象。

3.4.2.2　网络技术的政治负价值

网络技术的交互性、虚拟性、全球性、开放性、无中心性、融合性等特点，对民主政治的建设有积极的促进作用，但是技术是一把双刃剑，那些崇尚专制主义集权统治的人也会利用网络技术的上述特点，为其专制的集权政治服务。网络技术所体现的民主政治与集权政治之间的价值冲突，① 就体现为网络技术的政治价值二重性，如果将网络技术对民主政治的促进作用视为正价值的话，网络技术对集权政治的帮助作用就可视为负价值。网络技术对集权政治的帮助作用，亦即网络技术政治负价值，主要体现为"数字鸿沟"问题和网络安全问题。

（1）"数字鸿沟"问题

"数字鸿沟"就是指，由于数字技术，主要是网络技术应用水平上的差距，而引发的其他方面的各种差距。尽管联合国在《全球公益：21 世纪的国际合作》一书中把互联网作为全球公益，认为互联网应当是全人类的共同财富，但是要在实践中真正达到人人能够平等地利用信息资源，却不是一件仅仅随着技术进步就能够实现的事情。事实上，网络已经造成了"数字鸿沟"的存在。"数字鸿沟"具有多重性，一是发达国家与发展中国家之间存在着"数字鸿沟"。据联合国秘书处称，发达国家占全世界人口的比例只有16%，但上网的人数却占全球的90%，在世界上最贫穷的撒哈拉以南的非洲地区，只有 0.3% 的人

---

① 邬焜："网络民主与集权体制之间的价值冲突"，《科学技术与辩证法》，2001 年第 5 期，第 1～3 页。

口有机会接触到互联网，曼哈顿的电脑主机比整个非洲所拥有的数量还要多。有资料表明，美国平均每万人电脑拥有量是我国内地的55倍，在国民经济信息化投入方面，中美相差45倍。二是一个国家内部的不同地区、不同阶层在网络技术应用水平上的差距。在英国，高收入家庭接入互联网的比例是50%，而那些低收入家庭接入互联网的比例只有3%。① 由于我国社会和经济发展的二元化结构，在东部和西部之间特别是在城市和农村之间，在网络技术应用水平上严重不平衡。中国网络用户的普及和应用主要发生在城市，城市普及率为农村普及率的740倍，农民用户只有0.3%。三是在网络技术应用上还存在着性别方面的差异，据美国国家科学基金会资助的对网上政治的研究发现，现在利用电子邮件和网络获取有关公民事务的信息方面，女性大大落后于男性。在使用互联网的男性中访问过一个竞选网站的约占30%，在女性中只占19%；通过电子邮件与国会联系的数字中，男性占43%，女性占31%。从哲学、政治学上来看，"数字鸿沟"引发了社会阶层、个体之间新的不平等，是引发诸多社会问题的技术根源。网络的无中心性、匿名性虽然给人类社会带来了政治民主与平等，但是由于"数字鸿沟"的客观存在，这种民主与平等是一定范围内的民主与平等，是一种"有限的民主"② 与平等。

由于网络技术具有高度的技术复杂性和高度的公共性，所有网络技术只能依赖政府公共信息技术系统才能存在和发展，政府对网络技术具有最终控制权。政府对网络技术的操纵也可以理解为某种形式的"数字鸿沟"，因为相对于社会公众，政府具有技术方面的优势，它完全有能力运用这种技术优势限制公众对公共事务的民主参与。从网络技术的负面政治价值来看，网络技术在以下几个方面可能弱化民主政治而强化集权政治：①在技术上和经济实力上，政府对公众网上的言行是有一定程度的监控能力的，网络技术为政府通过对公众隐私的监控推行集权统治提供了强有力的技术支持；②政府控制了社会80%以上的有价值的信息资源，如果政府基于不正当的目的而不公开本应该

① 汪玉凯、赵国俊：《电子商务基础》，北京中软电子出版社2002年版，第34页。
② 严小庆："透视网络民主的有限性"，《长白学刊》，2002年第2期，第18~21页。

公开的信息，则公众的知情权与参政权将会受到极大的损害；③政府给予公众充分的言论自由权利，使网上充满相互矛盾的观点与数据，让一般的公众很难作出合理的判断，政府再聘请遵循政府意志的"专家"来说服公众，也可能误导公众的意见；④目前大量的网上民意调查也完全可以被政府的有关部门通过贿赂等不法手段来操纵，因此"多数人的意见"可能是虚假的，况且"多数人的意见"并不代表真理，比如，多数人中每一个个体都为了追求眼前利益而破坏环境或者过度利用自然资源就是目前环境恶化与资源枯竭的主要原因之一。同样道理，在进行网上民主投票时，完全可以通过一定的技术手段进行人为的操纵，从而使投票结果有利于政治统治者；⑤政府可以通过封锁网站、过滤网络信息等方式，消除不利于政治统治的政治舆论，比较常用的技术手段有：注册登记制、敏感词过滤、预审制、警告、删贴、封 ID、查 IP 地址、改为只读文本等。有了这些技术手段的保障，网上的言论自由与民主参与仍然掌握在政府和具体管理人员（如站长、版主）的手中。"依靠传播技术获得的自由和以同等的技术予以控制，是一种身影关系。"①

（2）网络安全问题

网络安全问题也是阻碍网络民主发展的关键性问题。网络技术的开放性、全球性、虚拟性、技术性、无中心性等特点，使政府的政务信息及信息系统极易受到破坏。如果政务信息系统被破坏，则正常的政务活动就无法开展；如果政务信息被不法分子删除、篡改或者歪曲，就会侵犯公众的知情权，并进一步影响公众的参与权；如果依法应当保密的政务信息在传输过程中被不法分子截获或者非法公开，就会给国家安全造成难以弥补的巨大危害。此外，网络隐私也是网络安全的一个重要组成部分，如果公众在网上的一切行为与言论都能被政府所严加监视的话，那么很多公众基于各种顾虑，就不能更好地做出真实的意思表示或者拒绝参与政治议题的讨论，从而使网络民主被政府所窒息，甚至会出现有些人所担心的"电子法西斯"这一极端情况的出现。

---

① 陈力丹："论网络传播的自由与控制"［EB/OL］，http：//www.cjr.sina.com，2004－10－25

3.5　网络技术的人本价值二重性

网络技术在人本层面的价值二重性，是指网络技术在人类认识能力、伦理观念、审美意识、身心健康等精神领域中的正负面价值实现。

3.5.1　网络技术的人本正价值

3.5.1.1　网络技术的认识正价值

在知识经济时代，知识、信息已成为最重要的社会资源，网络技术成为知识经济时代重要的认识技术，它实现了感觉运动器官的延伸，不但能够改进人们在认知过程中所发生的各种操作过程，而且在主体的感知觉与活动之间通过填补以往媒介反馈的空白来放大人们的潜力。[①] 互联网上的海量信息和光速的信息传输速度，极大地延长了人们的感官。在互联网上，学生无须辛苦地翻阅纸质文件查询资料，利用搜索引擎，只需要键入相应的关键词，足不出户便可收集到大量的信息，快速地即时地了解到国内和国际最新的新闻，科技、政治、经济、文化、商务、教育、旅游发展的动态，以及获取各种知识。通过 E - mail（电子邮件）、BBS（电子公告牌）、FTP（文件传输协议）和访问相关网站、讨论组等即可以对相关问题进行广泛地讨论和交流信息；如果人们愿意，甚至可以将自己的作品放到网上，动员全球有兴趣的"头脑"来修正和丰富自己的思想。网络技术的交互性，使人们不再处于被动接收信息的地位，而是主动收集信息、发布信息并参与网络文化的创作活动。利用互联网提供的海量信息和方便的检索工具，并与其他网民进行广泛的交流与探讨，会提升人们的求异思维能力和批判精神，激发创作的灵感，放大人们的创新潜力。

如前所述，笔者将网络虚拟现实区分为作为数字化模拟物的虚拟现实和作为数字化社会关系的虚拟现实。所以，笔者以本体论为出发点，探讨网络技术在人类认识与实践领域的正负面价值问题。

---

① 张怡："认识的技术和技术的认识"，载自《现代科技与哲学思考》，上海人民出版社 2004 年版，第 155～163 页。

　　格雷厄姆认为利用虚拟现实技术塑造模拟客体与利用小说、戏剧、电影等传统技术塑造模拟客体无质的区别，它们之间的区别只在量的方面。这是因为，无论虚拟现实技术还是传统技术，在模拟物理现实使人相信（make - believe）或让人们了解被模拟物是什么样子（what it is like）上的作用是完全一样的。以遭遇食人虎为例，由于都明知遭遇模拟的食人虎不会有危险，因此都不会有真正遭遇食人虎时那种真实的心理体验。在量的方面，虚拟现实技术具有传统技术所不具有的交互性，并在逼真性方面优于传统技术。同时，格雷厄姆赞同肯德尔·沃尔顿的观点，认为虚拟现实技术使人们，在不承受现实世界的种种风险的前提下，也会获得艰苦经历给人们带来的有益的经验与教训。[①] 单美贤认为：虚拟现实技术所实现的交互性与逼真性一方面加速了知识的掌握，另一方面也促进了能力的培养。比如，对牛顿三大定律、麦克斯韦方程的快速理解与掌握，对预测能力、互动合作学习能力及各种技能的培养，都体现了虚拟现实技术在提高人类认识改造世界能力方面的巨大作用。[②] 胡敏中、贺明生认为：虚拟现实技术扩展了认识对象、加速了认识进程、提高了认识效率。[③] 笔者赞同上述学者的观点，笔者认为，虚拟现实技术在科学发现与技术发明方面有重要作用。现代心理学认为，科学发现与技术发明都是左脑的逻辑分析与右脑的想象创造有机结合的产物。传统的计算机以其强大的计算能力辅助人的左脑完成数学模型的构建，而现代的计算机——应用多媒体技术与虚拟现实技术的计算机，则辅助人的右脑进行富有想象力的创新。可以想见，如果爱因斯坦能够借助计算机辅助其想象创造与分析运算，光速运行的火车会直观地呈现在其眼前，复杂的数学运算也会较快完成，相对论也就会早日问世。所以，虚拟现实技术与多媒体技术克服了传统计算机的局限性，辅助了科技人员的科学发现与技术发明，提高了科技领域中人类的认识能力。

---

　　① Graham G：The Internet：*A Philosophical Inquiry*，London：Routledge. 1999. 154～157.

　　② 单美贤：“虚拟现实与教育相结合的理论依据”，《开放教育研究》，2001 年第 6 期，第 23～25 页。

　　③ 胡敏中、贺明生：“论虚拟技术对人类认识的影响”，《自然辩证法研究》，2001 年第 2 期，第 57～61 页。

由于作为数字化社会关系的虚拟现实是一种新型的社会存在，它无疑是人类认识与实践的新领域。在这种新型社会存在中实践的主体，无疑也会形成新型的社会意识。顺应新型网络社会实践的要求，丰富与完善马克思主义认识与实践关系的理论是十分必要的。按照传统的马克思主义理论，人类的生产实践活动，是劳动者以劳动工具为中介作用于劳动对象的活动。这里，劳动者处于主体地位，劳动工具是人造客体，劳动对象是进入人类实践领域中的自然客体，这两类客体都处于物理现实之中。而利用网络技术和虚拟现实技术，则使劳动工具与劳动对象这两类客体都处于网络虚拟现实之中，网络虚拟现实既是主体认识与实践的工具，又是人们认识与实践的客体，这一客体现已成为人们认识与实践的新领域。这样，在主体与物理现实之间又增加了一个网络虚拟现实。主体将物理现实中的一部分认识与实践活动移入到网络虚拟现实这一新的认识与实践领域中进行，移入的目的在于减少主体在物理现实中认识与实践活动的成本、提高工作效率、降低工作风险等。人们将物理现实中的生产活动、社会活动、科学实验、技术发明等认识与实践活动移入虚拟现实中的目的不是为虚拟而虚拟，虚拟现实中的认识与实践活动是物理现实中的认识与实践活动的一个辅助，主体在虚拟现实这一新的认识与实践领域中的活动要服务于物理现实中的认识与实践活动所提出的各项要求。

3.5.1.2 网络技术的伦理正价值

网络技术是具有变革社会力量的技术，网络技术促进了人类文化的发展，诱发了价值观念、民族意识和社会文化心理的全方位变革，从根本上塑造了属于网络社会的伦理文化和价值观念。可以说，网络技术自身蕴藏着丰富的道德内涵。

（1）网络技术拓宽道德交往的领域，促进了新的道德关系的形成

传统意义的道德交往一般是基于血缘、地缘、业缘关系建立起来的，道德交往过程受制于人的社会地位、身份和角色等因素，道德交往的范围也基本限于权力、地位、职业和利益相近的社会阶层，道德规范和道德评价标准相对稳定。网络虚拟现实成为人们认识与实践的新领域，它是网络技术为人们提供的一个交互性的道德交往平台。网

络技术的全球性打破了近距离的熟人之间的狭窄的交往模式，远距离的不同国别、不同地区间陌生人之间的交往已成为一种新的交往模式。

网络交往涉及军事、政治、经济、文化生活、休闲娱乐等各个方面。网络技术的全球性、隐匿性、技术性等特点，有利于形成新的道德行为规范和行为模式。例如：网络域名就是伴随网络电子商务的发展而出现的新的商业标识，解决域名与传统商业标识之间的冲突，界定域名的知识产权属性等问题，会产生新的道德行为规范。

各个国家、各个地区有着不同文化背景和伦理观念的人们在"地球村"里的交往，必然导致不同的伦理观念、伦理规范的冲撞与融合，必然会自发形成具有兼容各种伦理观念、伦理规范的新的普世的网络伦理观念与网络伦理规范。这个过程体现在符合社会发展规律的、体现人文关怀的、为社会公众所广泛认同的网络伦理规范战胜并取代违背社会发展规律的、非人性的、反社会的网络伦理规范的历史必然性之中。

（2）网络技术促成了许多新的价值观念和伦理精神的形成与发展

网络技术加快了社会信息的传输和加工处理，激活了传统价值观念、伦理机制的内部因子，为新的文明秩序的建立构建了一个虚拟而现实的时空，铸就了许多为个体和群体认同的价值取向。

自主精神。在传统社会中，人们生活在较为狭窄的地理社会环境，人们之间的交往面狭窄，"在家靠父母，出门靠朋友"的依赖性伦理观念较为普遍。网络技术具有无中心性的特点，任何政府都无法有效地对人们的网络交往行为实施监管。另外，网络技术身份隐匿性的特点，也使得网络交往行为失去了现实交往中的各种监督。所以，网络用户自己干什么、怎么干，都是一种自己对自己负责，自己为自己做主，自己约束自己，自己管理自己的一种自主伦理选择形态。网络虚拟现实为依赖型伦理向自主型伦理的嬗变提供了可能，为人们主体能动性和潜能的提升提供了发展的空间。

共享观念、奉献精神。网络信息共享与网络知识产权保护的冲突问题目前仍是全球性分歧最大的争论问题之一。共享意识、奉献精神是网络社会最具生命力的价值导向。一些人认为：所有网的子网可以在彼此免费的情况下获得别人的信息，所有子网和计算机也要无偿地为网络提供资源。自由软件的开发实践证明，信息共享的确可以产生具有较少漏洞的软件。另一些人则认为，如果网络知识产权得不到保护，网络上将会缺少许多原创性的信息，同样会阻碍网络的发展。如何寻找网络信息共享与网络知识产权保护的平衡点是解决问题的关键所在。

权利意识、平等精神。网络技术的无中心的平行性为构筑平等精神提供了技术支持。TCP/IP 协议和"包交换"思想来自于中央控制截然相反的思路，它否定了中央集权式的权力控制模式。这种模式允许无限制的横向联结和交流，而每个节点之间又都是平行和平等的关系，每个网民都可能成为中心，人与人之间趋于平等，不再受等级制度的控制，个体平等意识和权利意识的加强，有利于形成健全的人格和独立的个性，提高道德主体的创造性。网络技术所实现的身份隐匿的交往模式，也为网民之间的平等交流提供了技术条件。现实社会中的等级、特权、财富、身份、地位、背景、性别等因素都将被隐藏起来而不能发挥作用，每个人都可以自由发表自己的观点，但却不能强迫别人接受自己的观点。这种平等、平权的伦理观念对强调等级观念，强调权威导向的传统伦理观念发出了尖锐的挑战。此外，网络技术的交互性，也有助于平等观念、权利意识的树立。较之传统媒体，网络技术使每个人不仅成为信息的接受者，而且也可成为信息的发布者。以往沉默的大多数也可以向权威发出自己内心的呼声，表明自己的权利要求并要求自己的权利得到充分尊重，他们的平等观念和权利意识由此得到逐步地培养和树立。

自由与民主的精神。网络技术无中心的开放性为自由与民主的伦理精神提供了技术保证。互联网是一个没有控制中心的开放式网络，任何组织或个人都无法对互联网进行整体性的管控。进入互联网，人们享有摆脱国界限制的自由、选择身份角色的自由、发表言论的自由等。虽然《世界人权宣言》规定了地球人有择居自由与迁徙自由，但是很多国家的刑法都规定有偷越国边境罪，使这种自由难以落实。网络技术的出现与应用，使这一僵局在一定程度上有所突破。互联网是一个超越国界的虚拟时空，网民无须申请护照与签证就可以自由访问外国网站，与外国网民自由地交往，互联网加强了各国网民之间的交流，促进了各国经济、政治、文化等各项事业的发展。在现实生活中，人们所拥有的身份以及所能扮演的角色都是有限的。由于身份与地位的限制，使人们之间的交往方式是固定不变的，社会化的过程压抑了真实的自我，很大一部分人的心理健康都有一定的问题。一些人对现实生活中自己的身份感到不满意，对现实生活中的交往感到恐惧或乏味，从而对生活丧失了乐趣。网民通过网络交往，通过扮演自己中意的角色，可以调节自己的心理，使自己的生活变得丰富多彩。传统媒体，如报纸、期刊、广播和电视，目前已被政府严格地管理与控制，人们的思想观点要经严格地审查才能在传统媒体上发表。而网络是一个平民的传媒，任何人都可以较为自由地发表自己的作品。网上的聊天室、论坛、BBS、新闻组、留言簿以及电子邮件，都为人们发表言论提供了很大的便利。目前网上发表言论相当自由，是真正意义上的"只要你敢说，我们就敢登。"①

（3）网络技术拓宽了道德研究领域，网络伦理成为伦理学新的增长点

由于网络技术具有全球性与开放性的特点，在网络虚拟时空，各种不同的政治法律思想、宗教信仰、价值观念、生活方式、伦理思想交汇、碰撞、竞争，必然会拓宽传统伦理学的研究视角，道德信仰、道德评价、道德修养及公正、平等、权利、义务的传统诠释都将得到必要的修正和补充。因此，网络伦理学是伦理学的一个新的增长点。

近些年来，网络伦理研究异军突起且发展迅速。网络伦理学分为网络理论伦理学与网络实用伦理学。网络伦理学主要研究网络伦理学、计算机伦理学、信息伦理学的关系，网络伦理与现实伦理的关系，网络伦理的哲学理论基础，网络伦理的基本原则，一般网络伦理规范与特殊网络伦理规范，网络伦理规范的适用与落实，网络伦理的特点，网络伦理理论体系的构建等问题。

---

① 巫汉祥：《寻找另类空间—网络与生存》，厦门大学出版社 2000 年版，第 38、19 页。

3.5.1.3 网络技术的审美正价值

科学技术尤其是媒体技术对文学艺术作品的创作、传播、欣赏与评论会产生深刻的影响。继传统的媒体技术，如印刷技术、录音录像技术、广播技术和电视技术，网络技术又登上了历史的舞台，它对文学艺术作品的创作、传播、欣赏与评论也会产生正面与负面的影响。

网络技术具有无中心的平行性、开放性、交互性等特点，互联网的每一个节点既可以接收信息，也可以发布信息，每一个上网的人不仅仅是文学艺术作品的接受者，也可以成为文学艺术作品的创作者或改编者，而且人们在网络上的创作与改编活动也较传统媒体更加自由与平等，因为互联网是一个无中心的平行性的交往空间。"百花齐放、百家争鸣"的文艺方针，表明文学艺术作品的创作领域，应该是一个自由、平等的审美空间。但是，由于传统媒体被严格地管控起来，自由、平等的审美空间往往被"学院派"和专业的文艺创作者所垄断，他们按照主流意识形态的要求，在传统文学艺术理论的指导下，以晦涩难懂的理论风格、艰深的概念和术语、繁琐的分析与论证、深奥的隐喻、考究的写作手法，从事着文学艺术作品的创作，并用他们的作品塑造着大众的审美意识。社会大众只能成为他们所倡导的审美意识的被动的接收者，他们的评论和创作活动往往为传统媒体专业的眼光所拒绝。网络技术的交互性，为打破这种垄断提供了技术支持。一些30岁以下，多是理工专业出身，没有受过专业文学与艺术训练的人，他们创作的作品在传统媒体很难发表，但是在网络媒体，这些人却成为网络文学的主力军。网络文学的传播渠道，在海外有《新语丝》、《橄榄树》、《国风》等老字号网站，在国内则有《黄金书屋》、《书路》、《榕树下》、《网易》、《文学城》和《清韵书院》等网站，这些网站不仅大量收集网络文学作品，有的还直接为原创作品提供鼓励和方便。一些作家的作品，在网络媒体得到好评之后，又在传统媒体中出版；一些传统媒体中的作家也向网络媒体发展。网络媒体成为检验"学院派"和专业的文艺创作者的作品是否被大众审美意识所认可，以及为新的文学艺术领域的优秀人才的脱颖而出提供了一个平台。相信，随着互联网的普及，网络媒体必将为文学艺术作品的创作是否符合大众审美意识的要求提供一个测试的平台，从而也为文学艺术领域人才的新陈代谢提供依据。因为，无论是"学院派"的教授和学者、专业的文艺创作者，还是没有受到专业训练的年轻人，是否符合大众审美意识的要求，是否被广大人民群众所认可，是他们文学艺术作品是否具有社会价值和审美价值的重要标准。文学艺术的人民性是文学艺术的生命力之所在，而网络技术的交互性为文学艺术作品是否具有人民性提供了技术支持。

网络技术的交互性特点为文学艺术作品的创作提供了新的创作形式，即交互式创作形式。较之传统媒体，如报刊、广播、电视、音像制品等，网络媒体不仅使人们能够阅读作品，而且还可以使他们参与作品的创作。现在，允许或邀请网民参与创作的文本或"超文本"作品已经出现。2000 年 6 月，"当当网上书店"在网上推出首部中文"网络交互小书"，这是一种可让数以万计的网民同时参与的全新文学创作形式。这部"网络交互小书"名为《E 情故事》，故事的大体情节是，一名大学外语学院毕业女生 MM，接触网络，迷恋网络，网恋，工作的感情历程。每一天，主持人都选择一位写得最好的网民的故事情节作为开始，让其他网民去续写她的未来或者回顾她的过去，故事情节就这样发展下去。而且，所有网民参与创作的作品都将保持在"当当"的资料库中。如同开放的自由软件，错误较少一样；网民参与创作的文学艺术作品，也会更趋完美。值得一提的是，由于作品的著作权人享有修改权、保护作品完整权、改编权、翻译权、注释权、整理权等著作人身权和财产权，网络上的交互式创作形式只有在著作权人许可的前提下，才能够实施。

不久的将来，多媒体技术和虚拟现实技术将广泛地融入网络技术之中，利用多媒体技术和虚拟现实技术创作的文学艺术作品，将突破网络空间以文本为主要媒介的二维静态局限，实现人机交互界面的三维立体虚拟空间，具有动态性、实时互动性、多媒体集成性的网络文学作品将更有助于人们审美意识的塑造。多媒体技术是对文字、声音、静止画面、活动画面等多种媒体中的信息进行数字化、无接点、综合性且双向性的处理技术。这种技术包含有计算机硬件技术，如：显卡、声卡、处理文字数字的芯片的制作技术，又包含计算机软件的开发技术。虚拟现实技术是一种人与计算机生成的虚拟环境可自然交互的人机接口技术。"虚拟"意味着计算机生成，"现实"意味着计算机生成的虚拟环境也是一种现实。这种现实可以是对现实物理环境的模拟，可以是人工营造的虚幻情景，也可以是在虚拟环境中形成的现实的新型社会关系。应用多媒体技术和虚拟现实技术创作的多媒体文艺作品的存在形态，将不是传统媒体中的纸介质形态，也不是当前网络上占主流地位的文本型态，而是在超文本技术的基础上，将文字、图形、图像、动画、视频影像、音频的各类媒介组合集成为一部文艺作品，同时作用于读者或观赏者的多种感官和感觉，使接受者获得更直观、更感性、更逼真和更丰富的审美愉悦。在传统媒体艺术作品的审美活动中，"如见其人、如闻其声、如临其境、如历其事"是对作品艺术成就和审美体验境界的很高评价，但是这种审美体验只能存在于欣赏者的审美直觉空间里，而无法真正以感官去感觉其存在，换句话说，那只是想象力的产物。然而在欣赏多媒体作品时，见其人闻其声完全可以是视觉和听觉的真实感觉，在加入虚拟现实技术的多媒体艺术作品中，临其境和历其事也可以是一种极其逼真的体验。目前因为受互联网数字传输与交互技术和信道带宽的限制，多媒体文艺作品还处于试验阶段，网络上尚很少见。但是，随着网络有关技术和带宽问题的解决，如第二代互联网的建成运作，多媒体将取代当前超文本的主流地位而大行其道，多媒体文艺作品将成为网络时代人们喜闻乐见的审美形式。

3.5.1.4　网络技术的身心健康正价值

较之传统的广播、电视等媒体技术，网络媒体技术的互动性、逼真性，使上网的人更能体会到网络的人性化界面。比如，可以利用多媒体技术和虚拟现实技术，向人们展示故宫博物院宏伟的建筑群和丰富多彩的展品。而且，利用技术手段来参观故宫博物院，可以看到在实地看不到的一些景象，比如建筑物上面的一些装饰物。应用网络媒体的人性化界面开展远程教育，营造寓教于乐的教学模式，可以优化教师资源配置、降低学习成本，使更多的人受到良好的教育，使随时随地在岗学习成为可能。整个社会文化素质的提高，会使人民的生活质量得到普遍地提高。

　　在现实社会中一个人的身份是有限的，而且有一部分人并不满足于自己在现实社会中的身份，这就为他们的工作与生活带来了烦恼。而在网络交往中，每个人可以选择众多的身份，可以获得不同的自我体验。在现实社会中寡言少语、缺少欢乐的人，在网络中可能呈现出热情主动、能言善辩的自我特征。网络可以提供给人们一种"另类生存"的体检。弗洛伊德通过对病态心理学的研究，发现一些人潜意中（心理空间）的愿望在现实社会中（现实空间）得不到满足是产生心理疾病的原因之一。网络虚拟空间的出现，沟通了人们的心理空间与现实空间，在心理空间中的愿望如果在现实空间中得不到满足，也就是说心理的欲求受到压抑，那么可以寻求在网络空间中得到一定程度上的释放，这样就使这些人的心理在某种程度上平衡了，一些心理疾病或者反社会的行为就可能避免。例如，一位大学毕业生毕业后找不到工作，一度十分苦恼，后来在一家网站中从事信息服务工作，在虚拟的网络时空中体会到了人生的意义，现在他的生活十分充实，摆脱了迷茫和孤独的状态，成为一个身心健康的公民。

　　恋爱可以使人产生幸福感，婚姻与家庭又是人类社会得以延续的重要的社会组织形式。虽然网恋导致了许多违法与犯罪的悲剧结局，但是网恋也确实产生了许多成功与喜剧的实例。一些人在传统的熟人社会中可能难觅意中人，网络交往可以扩大他们选择伴侣的途径，网恋成功而进入婚姻殿堂的实例经常见诸于媒体。网恋对物质主义的价值观提出了挑战，让人们体会到了纯精神的"柏拉图"式的爱情，甚至有人认为，网恋也可以解决现实婚姻中出现的问题。在现实婚姻中，一些夫妻的感情已经出现了问题，但是他们考虑到子女的抚养、一方的经济条件、父母的意见等方方面面的原因，而不能解除婚姻关系。如果在现实社会中不见面，将恋爱仅仅局限于网络虚拟时空中，从中寻求精神的慰藉，有助于心理的调试，这种网恋的积极意义值得肯定。因为，在现实社会中的"自我"，与网络虚拟时空中的"本我"，统一于一人，既满足了"本我"的非理性的感情要求，又使现实社会中的

"自我"是一个遵纪守法理性的公民，现有社会关系的稳定与和谐与人们非理性的欲望都得到了兼顾，这也许比通过离婚来解决感情问题更具有积极的意义。

网络技术如水，它既可以维持生命，也可以致人溺水身亡，关键在于如何应用才能够趋利避害。应用网络技术从事健康向上的交往活动，可以增加人们的学识、增长人们的才干、提升人们的道德素养、提高人们的审美情趣，树立健康向上的人生观，培养良好的心理素质。有学者在系统分析和考察马克思关于人的本质的科学论述后，对马克思关于人的发展内容进行了高度的总结，认为人的发展就是"每个人在劳动、社会关系和个体素质诸方面的全面、自由而充分的发展。"① 网络技术作为一种具有革命性社会作用的高新技术，大大提高了劳动者脑力劳动的效率，在一定程度上解放了劳动者的脑力劳动，使劳动者有更多的可自由支配的时间来从事具有创造性的活动，为"每个人在劳动、社会关系和个体素质诸方面的全面、自由而充分的发展"提供了强有力的技术保障。

3.5.2 网络技术的人本负价值

3.5.2.1 网络技术的认识负价值

在人类认识能力方面，网络技术有着一些负面的影响，主要体现在：

（1）数字鸿沟与文化帝国主义问题

由于在国家之间、国家之中各地区之间、城乡之间、性别之间存在着利用网络技术水平上的差距，使网络技术对人类认知能力的提升作用在不同认识主体之间存在差距，进而引发了诸多的社会问题。有人对此进行形象的描述：网络技术所带来的影响，21世纪的地图可能是这个样子，在全世界浩瀚的贫穷人海之中，散落着一个个高科技的群岛，群岛之间由互联网相连，在这些群岛中的科技精英过着安宁、舒适的生活，思考着无限的可能性；而在这些群岛以外的大多数信息

---

① 袁贵仁：《马克思的人学思想》，北京师范大学出版社1996年版，第46页。

穷人们则过着贫困、肮脏、充满着争斗的生活，信息穷人与信息富人之间的鸿沟在不断加剧。

数字鸿沟引发了网络文化帝国主义现象，也有人将其称为网络霸权主义或者网络殖民主义等。网络文化帝国主义是指美国等西方发达国家利用其网络技术上的优势地位，利用互联网大力宣扬西方文化价值观念，在意识形态领域对广大发展中国家进行殖民统治，以实现其在经济、政治军事、文化等方面对全世界进行控制的目的。在互联网上，90％的信息是英文信息，85％的越境信息来自美国，美国意图通过其网络技术的优势，使其文化价值观念成为网络时代全球性的文化价值观念，使其他国家成为其附庸，以实现其在政治、军事、经济、文化等领域称霸世界的目的。正如有的学者所说的："进入交互网络，从某种意义上，就是进入了美国文化的万花筒。"① 文化多样性与生物多样性具有相同的意义，如果地球上只有人类一个物种，那么人类也一样面临着灭绝；同样道理，如果全世界只有美国文化一种文化模式，那么人类的文明也将走到尽头。"一个统一性、单元性的'全球'文化，是人类文化发展的歧途，是人类发展的悲剧。"②

（2）某些方面的认知能力减弱问题

现在的青少年是伴随着互联网成长的一代，在网络技术普及的一些国家和地区，由于青少年过多地使用互联网来收集信息和处理信息，长时间与键盘打交道，使他们的书面写作能力大为减弱，有的甚至连一封完整的信都写不出来。多媒体技术和虚拟现实技术营造出逼真的认识客体，提高了人们认识的效率，但是也使人们无须运用想象力来沟通现实与自身体验之间的鸿沟，从而导致想象能力的退化。西奥多·罗斯扎克指出："由于计算机被崇拜的神话所包围，思维和机器的界线被混淆了。因此，思维和想象的能力正处于被低级的机器所替代的危险之中。"③ 由于难以对网络海量信息进行选择和编排，因而网络上

---

① 易丹：《我在美国信息高速公路上》，兵器工业出版社 1997 年版，第 294 页。
② 季羡林：《东西文化议论集》，经济日报出版社 1997 年版，第 358 页。
③ ［美］西奥多·罗斯扎克：《信息崇拜——计算机神话与真正的思维艺术》，苗华健、陈体仁译，中国对外翻译出版社 1994 年版，前言。

的垃圾信息很多,人们花费大量的时间与费用,也很难找到有用的信息。网络信息海洋很有可能使上网冲浪的人迷失了最初的上网目的,而为无穷无尽的信息所淹没,体会到不可自拔的近乎吸毒的感觉。网络信息的泛滥已经超过了人们处理信息与应用信息的能力,据美国对 8 万多名化学家的调查表明,研究人员花费在查阅资料的时间一般要占到总的研究工作时间的 1/2。目前世界上出版的化学刊物有一万多种,一个化学家即使懂得 34 种语言,一天阅读 24 小时,一年当中也只能看完全部出版物的 1/20。网络上应接不暇的海量信息也使得人们越来越偏离理性,越来越缺乏头脑,从而形成"感觉主义",理性和批判力自然受到"挤压"。有学者感慨地说:"于是我们的头脑似乎成了一个不停转动的水轮机,每天由大量信息推动它旋转。我们甚至来不及记住他们。更不要说思考和消化它们,当然有些人根本就不想思考。"①赫伯特·西蒙也曾指出:信息的丰富产生注意力的贫乏。一些人通宵达旦、不加选择地浏览和下载大量的信息,不仅造成生理上的伤害,而且难以集中注意力学习相关的学科知识,导致思维上的混乱。

3.5.2.2　网络技术的伦理负价值

(1)"数字鸿沟"所引发的不平等问题

网络技术的无中心性、交互性、身份隐匿性等特点,破除了现实社会中人的身份、地位、性别、民族、国籍等各方面的束缚,使人们的交往更加平等与自由,为树立人们的平等观念、自由精神提供了技术支持。但是"数字鸿沟"所产生的人们之间基于网络技术方面的差距,却进一步拉大了国家与国家、地区与地区、人与人之间的不平等关系。发达国家占全世界人口的比例只有 16%,但上网的人数却占全球的 90%。据对互联网上输入、输出信息流量统计,中国仅占 0.1% 和 0.05%,而美国这两项指标都达到 85% 以上。"一些国家可以通过网络传播达到'统合'各国文化差异以强求接受其价值观的目的;而另外一些国家则有可能遭遇到信息殖民化和文化殖民化的危险。道德作为社会重要的价值观,也不例外地受到严重威胁。其严重威胁程度,

①　李河:《得乐园·失乐园》,中国人民大学出版社 1997 年版,第 66 页。

是前网络时代无法比拟的。"① 苏联解体和东欧剧变，世界政治格局由"两极"向"单极"发展，成为美国的"一统天下"。美国利用其在网络技术方面的优势，通过互联网强力推行其意识形态与价值观念，妄图使其他国家特别是发展中国家成为其附庸。网络的技术性，也使网络技术精英成为网络时代的新贵。网络技术精英是在网络上由于技术、资金等方面的优势地位，而具有较高权限的网络主体，比如网站的经营者、网络论坛的版主等。一般的网络用户，不得不接受网站所设立的格式化条款，发的帖子有可能被版主删除，版主还有权利剥夺网络用户发帖子的权利。在网络上由于技术、资金等方面的不同占有量，也会使网络虚拟空间形成一个与现实空间大体相似的等级社会，由于受技术的严格控制，网络虚拟空间的等级制度可能比现实空间中的等级制度更为稳定和牢固。

（2）网络无政府主义与网络安全问题

网络技术的无中心性、开放性、全球性、身份隐匿性等特点在树立网民自由、民主的伦理精神中发挥着重要作用之时，这些特点也同时显示了其严重的负面作用，集中表现在网络无政府主义的泛滥及其所引发的网络安全问题。网络没有一个最终的管理中心，所有人都是自己的领导者和管理者，没有谁独自拥有网络，网络是一个真正"自由"彻底"民主"的地方。网络交往所提倡的自主精神，从另一个方面来理解，就是网络管理的弱化，这为一些人滥用自由权利创造了条件，无政府主义在互联网上找到了自己的场所。

笔者将网络无政府自然状态与原始自然状态进行比较，以此为出发点，探求对网络无政府状态中网络技术负面价值的消解办法。比较原始自然状态与网络自然状态，二者有以下特点是相同的：①原始自然状态（前者）与网络自然状态（后者），二者都处于无政府状态，由国家制定的依靠国家强制力保证实施的法律都处于一种空白状态、或萌芽状态、或不完善状态。②二者都会自发产生各自的习俗（伦理规范）来调整内部社会成员之间的关系。③二者的社会成员都相对地

① 楚丽霞："关于网络发展的伦理思考"，《天津社会科学》，2000年第5期，第1~3页。

较为自由平等，并且随着私有财产（在网络时代体现为以网络信息产品为主的虚拟财产）的增多以及由此产生的贫富分化，社会成员之间的不平等状态加剧，富人渴望拿出一部分私有财产用来设立公共权力机构（国家）来保护其财产与人身，对公共权力机构（国家）与法律的产生有着一种强烈的社会需求。④前者有部落及其行为规范（习俗），后者有国家（相当于原始社会的部落）与行为规范（包括法律与习惯）；但是二者都在大范围内没有公共权力机构，前者没有国家，后者没有实际意义上的世界政府。比较原始自然状态与网络自然状态，二者有以下特点是不相同的：①二者所处的历史时期不同。原始自然状态（前者）处于生产力极其低下的原始共产主义时期，而网络自然状态（后者）则处于人类生产力高度发展的后工业时代。②前者所处的历史时期，国家与法律并未产生；而后者处于国家与法律比较完善的后工业时代。③前者只有习俗，没有法律；后者自发产生了网络习俗（网络伦理规范），也制定了一系列网络管理方面的法律，但是适用于网络虚拟时空的法律不够完善，在某些领域还存在着法律的盲区。④前者属于天然的无政府状态，而后者则是一个人造的人们进行社会实践活动的虚拟时空中出现的无政府状态。⑤前者的部落与习俗为国家与国内法所取代；后者的国家运用国内法的管理活动要受到国际组织以及国际公约的约束。

网络无政府状态中网络技术的负面价值，主要就是网络安全问题。从网络技术实现主体自由角度来看，网络安全问题体现在，网络技术在提供给人们摆脱国界限制的自由、选择身份角色的自由、发表言论的自由之时，所带来的负面影响。①网络技术为摆脱国界限制的自由交往提供了极大的便利，但也应看到，这给跨境侵权与犯罪的查处带来了困难。跨境的侵权与犯罪主要有知识产权侵权、暴力色情网站传播有害信息、利用网络的诈骗活动、针对他国网站的黑客入侵与破坏等。由于各国法律规定的不同，一国认为违法或犯罪的，另一国则予以认可；既使两国都认为是违法或犯罪的行为，那么对他国生效判决的执行以及其他司法协助事项都会遇到诸多麻烦。②选择身份角色的自由，使一些人过度沉溺于网上的角色，到了不能自拔的地步，从而影响了他们现实的生活与工作。比如：过于沉迷于网络游戏，实现自己的"英雄"梦，使得一些人耗费了大量的时间、精力与财物，从而导致现实生活中自己学业、事业的荒废。更为严重的是，网上暴力游戏还能诱发犯罪，使一些青少年走上了犯罪道路，从而抱憾终身。此外，选择身份的自由也使网络成为一些人诈骗的工具，利用网络所实施的诈骗犯罪已经造成了严重的社会危害。而且，由于追究网络犯罪的刑事责任较为困难，使得这类诈骗犯罪的发生率居高不下。③网络媒体较之传统媒体较高的言论自由度也带来了诸多弊端。首先，网上信息精品少，垃圾多。也许在网上花费很多的时间去查找，所获有价值的信息却很少。除了名牌网站外，其他网站较少有人问津。其次，网上充斥有害信息(如暴力信息、病毒、反动信息等)与色情信息。青少年上网很容易被网上的暴力、色情信息所诱惑而荒废事业与学业。网络病毒每年也要造成巨大的损失，网络反动信息更是严重地干扰了国家安定团结的政治局面。第三，较之传统媒体，网上信息的可信度较低，网上言论自由度较高是以信息可信度较低为代价的。

从网络有害信息的分类角度来看，网络安全问题体现在，网络有害信息对社会的危害。1997 年我国公安部发布的《计算机信息网络国际联网安全保护管理办法》，将网络有害信息分为九大类：①煽动抗拒，破坏宪法和法律，行政法规实施的；②煽动颠覆国家政权，推翻社会主义制度的；③煽动分裂国家，破坏国家统一的；④煽动民族仇恨，民族歧视，破坏民族团结的；⑤捏造或者歪曲事实，散布谣言，扰乱社会秩序的；⑥宣扬封建迷信、淫秽、色情、赌博、暴力、凶杀、恐怖、教唆犯罪的；⑦公然侮辱他人或者捏造事实诽谤他人的；⑧损害国家机关信誉的；⑨其他违反宪法和法律，行政法规的。法国在1997 年 3 月提出的《互联网络宪章（草案）》将网络上的有害信息分为两大类。第一大类是明显违法的网络上的有害信息，包括危害国家安全、煽动种族仇恨、教唆犯罪、毒品交易等政治性的、侵权、犯罪等方面的信息，这类有害信息明显违反有关法律的规定。另一大类称作敏感信息，这类信息并不明显违法，但事实上会对某些人造成伤害，这类信息主要包括色情信息和暴力信息，这类信息对于青少年有更大的社会危害性。新加坡广播管理局颁布的《互联网络内容指导原则》将网络上的有害信息分为三大类：①治安和国防方面的有害信息，这类有害信息包括危害公共安全和国家防卫的有害信息、误导公众的有害信息、引起人们痛恨和蔑视政府的有害信息等；②种族和宗教方面的有害信息，这类信息包括对其他种族或宗教团体进行歧视的信息、宣扬种族或宗教仇恨方面的有害信息、邪教方面的有害信息等；③公共道德方面的有害信息，这类信息包括色情信息、暴力信息、赌博等方面的有害信息。学者们为了更加有针对性地进行研究，也把信息分为若干类。有的学者将网上有害信息分为四大类，它们是：①政治、文化领域意识形态方面的有害信息，这些信息是指信息大国具有文化殖民主义色彩的信息；②宣扬种族仇恨的信息，如在网络上宣扬纳粹主义、仇视犹太人的信息，仇视黑人的信息，仇视华人的信息等；③伦理道德领域的有害信息，这类信息主要是色情、暴力和赌博信息；④侵权信息与犯罪信息，比如侵犯版权的信息、侵犯网络个人隐私权的信息，传播网络病毒、实施网络诈骗等犯罪的信息。①

3.5.2.3 网络技术的审美负价值

（1）"数字鸿沟"问题

当前网络技术应用的主体差异性，即"数字鸿沟"问题是我国亟待解决的一个问题。现在我国有能力上网的人不到总人口的10%，能否认为这不到10%的人所认可的文艺作品就是符合大众审美意识的文艺作品？显然不能。而在美国，互联网的平民性质得到了充分的体现，因为85%的美国人都有能力上网。在美国，将一部文学艺术作品放在网上接受公众的评判，它是否符合大众的审美需求，广大网民的意见就基本上可以视为大众的意见。所以，网络技术虽然给文艺创作人民性评判提供了技术支持，但是在我国，由于"数字鸿沟"问题较为严重，利用网络技术对文艺创作人民性评判的道路还很漫长，需要通过我国政府和广大人民群众的不懈努力来实现。

（2）垃圾文本问题

---

① 许榕生、刘宝旭、杨泽明：《黑客攻击技术揭秘》，机械工业出版社2002年版，第76~86页。

网络具有开放性、兼容性的特点，网络上的任何一个节点都可以成为信息发布的中心，所以在网络上发布信息方便快速，几乎不存在退稿的情况。网络文艺作品大多具有"速食食品"和"精神快餐"的特征，其特点是篇幅短小、立意浅显、构思匆匆、不讲技巧、语言缺乏精雕细刻，甚至错别字较多。这样的作品和文本为传统媒体所不屑，如果投到期刊上，100 篇有 99 篇注定要被拒稿，幸存下来的那一篇，也得修改几个来回才有望变成铅字。正是由于这种创作风格，所产生的文艺作品平庸者居多、而精品极少，未经苦思冥想、精雕细刻的文艺作品难以具有长久的艺术生命力，未经提炼、扬弃的情感发泄难以产生超越时空、超越民族的精品杰作。例如，第一代网文作者宁财神的《不见不散之网络原创版》，就是他利用一个晚上的时间完成的一个短篇小说，未经推敲、修改，第二天就发布在互联网上。虽说构思比较机制、语言比较鲜活，但是由于缺乏反复的推敲与斟酌，文章立意不深、语言不精，甚至出现很多错别字。人人在网络上都拥有平等的写作和发布网文的权利，这必然打开一个垃圾文本的闸门。每个人都能自由地、随意地、即兴地言说，这就不可避免地要产生大量的"闲言碎语"式的网文，所以有人把网络文学成为涂鸦文学、街头文学甚至厕所文学。经常阅读这样的网络文艺作品，会产生深刻而精致的审美意识吗？

（3）网络信息安全问题

网络技术对审美意识的消极影响，还体现在色情、暴力、垃圾、欺诈等有害信息所产生的网络信息安全问题。色情信息对青少年的危害不容忽视，它不仅会损害青少年的身心健康而且还会诱发青少年违法、犯罪。即便没有诱发违法与犯罪，色情信息玷污了人们的心灵，使一些人对色情信息过渡地注意，从而失去了对工作和学习的热情，对社会公益也造成了较大的危害。但是追究色情信息的制作与传播者的法律责任却较为困难，这是因为：首先，色情信息由于与美感信息或艺术信息难以区分，对其界定较为困难。比如，在对 D. H. 劳伦斯的小说《查特莱夫人的情人》非法出版一案的审理中，被告辩称"有争议的内容是艺术而非色情文学"，最后法院没有支持检察机关的指控。类似的涉及色情信息的案件并不少见，但是真正经过法院的审理与判决的案件却很少。其次，各国对什么是色情信息的界定存在着较大的差异。在允许色情服务业存在的国家对色情信息的界定标准就不如禁止色情服务业存在的国家那样严格。互联网具有跨越国界的特点，治理网上色情信息需要各国的合作。由于各国对什么是色情信息的界定存在着较大的差异，所以对于网上色情信息的治理协议就不易达成。第三，有学者认为，判断是否是色情信息因人而异，判断标准的主观性很强，似乎没有统一的客观标准。比如，有些成年人对他人感觉到的色情信息感觉不到或者忽略其存在，而对于幼儿则根本意识不到色情信息的存在。① 一些网络文艺作品，比如网络游戏，由于含有暴力内容，也属于有害信息。已有心理学家指出网络暴力电子游戏比暴力电影更为恶劣，因为电影仅仅是看看而已，而网络电子游戏却可以参与其中，在虚拟现实中的屠杀演变成现实中的屠杀的可能性是有的。例如，1999 年 4 月 20 日在美国科罗拉多州校园发生了历史上最严重的校园枪杀案，致使 15 人死于非命。枪杀案的两名凶手平时就特别喜欢在网上冲浪，经常玩儿"世界末日"等暴力网络游戏。网络文艺作品还可以以垃圾信息和虚假信息的形式存在，这也属于违法有害的信息。比如，近年来电子邮件发展成为多媒体的形式，可以传送图文、语音、动画以及影视等多媒体的文件。这种多媒体邮件的信息量通常比一般邮件的信息量大得多，使得用户信箱的空间被充斥，影响正常的邮件接收及其他工作。

3.5.2.4 网络技术的身心健康负价值

网络技术的身心健康负价值也主要体现为网络安全问题，具体表现为："信息焦虑症"、"互联网成瘾综合征"和"网络自闭症"。

（1）"信息焦虑症"

网络是一个信息的海洋，几乎每一时刻，都有新的信息被上载，没有信息的网络是没有生机的，但过多的信息会使人产生一种对信息的焦虑，严重的病态的信息焦虑被称为"信息焦虑症"或者"数码焦虑"（dig-

---

① Graham G: The Internet: *A Philosophical Inquiry*, London: Routledge. 1999. 105 ~ 107, 115 ~ 127.

ital distress）。有学者认为,数码焦虑是由于网络技术发展过快,导致网络信息过剩,使人们无法适应而产生的种种失调症状。① 数码焦虑的实质是网络空间的信息爆炸与人类生物特性之间不相适应所带来的心理恐惧。戴维·申克罗列其症状为:心血管压力增加、视力下降、思维混乱、挫折感、判断力下降、助人为乐之心减弱,过分自信等。②

（2）"互联网成瘾综合征"

网络技术对人们身心健康的另一个负面影响就是"互联网成瘾综合征"。1994 年, 纽约市的一名精神病医生金伯格声称自己发现了一种新的心理障碍疾病, 他把它命名为"互联网成瘾综合征"（IAD）。从临床表现来看, IAD 至少包括下列五种类型：色情网络成瘾、网络交际成瘾、网络强迫行为（包括强迫性地参加网上赌博、网上拍卖和网上交易）、强迫信息收集成瘾（包括强迫性地从网上收集无用的、无关的或者不迫切需要的信息）、网络游戏成瘾。该病的典型表现包括：情绪低落、无愉快或兴趣丧失、睡眠障碍、生物钟紊乱、食欲下降和体重减轻、精力不足、精神运动性迟缓和激动、自我评价降低和能力下降、思维迟缓、有自杀意念和行为、社会活动减少、人际交往障碍等。1999 年 8 月, 在美国心理学协会年会上公布了一项最新研究成果, 称大约有 6% 的网民患有某种形式的 IAD, 根据当时的统计, 全球网民约有 2 亿人, 这意味着他们当中有 1140 万人是 IAD 患者。据有关资料表明, 随着我国网民人数的不断增加, 也有一些网民已经患上了 IAD。在成都已发现我国首例网络心理障碍自伤患者, 一名连续 32 小时"泡"在网上的中年男子, 因出现突发性思维紊乱而用水果刀割伤自己的手腕, 造成失血性休克。③

（3）"网络自闭症"

网络社会中, 人与人之间的依赖关系被人对网络的依赖关系所取代, 人与人之间的交往变成了人与机器之间的交往, 使人与人之间面

---

① 段伟文:《网络空间的伦理反思》,江苏人民出版社 2002 年版,第 186 页。

② ［美］戴维·申克:《在信息爆炸中求生存》,江西教育出版社 2001 年版,第 19 页。

③ 李兰芬:"论网络时代的伦理问题",人大复印资料《伦理学》,2001 年第 10 期,第 71 页。

对面的交往大为减少。入网者把大量时间耗费在网络上，把自己的思想、感情沉浸于网络内容之中不能自拔，他们在网上交流时的言谈举止被转换成二进制的语言，音容笑貌以数字化字符方式在屏幕上传播。这有可能导致他们现实的人际关系疏远，群体意识淡薄，容易产生紧张、孤僻、冷漠和其他健康问题；人们失去传统的亲情、友情等道德情感与平等互助、和谐一致的道德关系，加剧了现实社会人际关系的信任危机。有人将这种网络虚拟性造成的情感冷漠称为"网络自闭症"，人的情感交往产生的"自闭"现象也将间接地影响到现实社会中的情感交往。儿童沉迷于网络更容易患上"网络自闭症"，因为儿童长时间地与电脑打交道，其形成的基本思维将与电脑的"符号式"思维相同，从而阻碍了他们正常的逻辑思维能力的发展。长时间上网，会使儿童在情感上对网络世界产生眷恋和依赖，这与过分依赖家长是一样的，不利于儿童独立生活能力的形成。只与电脑打交道的孩子不善与人交往，他们正常的人际交往能力存在缺陷，难以具备良好的情商。

第4章 网络技术价值二重性析因

根据技术与社会互动关系的理论，网络技术与社会环境中其他因素是一种相互作用的对立统一关系，相互作用的过程与结果，就体现为网络技术在自然生态、社会和人本层面正负向价值的实现。社会环境中其他因素包括客体性因素和主体性因素。社会环境中的客体性因素主要有由天然自然和人工自然所组成的经济地理环境、受一国现有生产力水平所决定的网络技术体系的现实状况（比如网络技术系统的结构、属性和功能）、网络技术应用境域的多样性等；社会环境中的主体性因素主要有社会制度、政府的管理体制和网络技术创造主体和网络技术应用主体的价值观念等。网络技术与社会环境中客体性因素相互作用的对立统一关系，是网络技术价值二重性客体性原因据以形成的根据；网络技术与社会环境中主体性因素相互作用的对立统一关系，是网络技术价值二重性主体性原因据以形成的根据。

4.1 网络技术价值二重性产生的客体性原因

4.1.1 网络技术主体与客体的相互作用

网络技术主体应用网络技术客体作用于客体，客体对网络技术主体也会产生反作用，相对于网络技术主体的价值取向，体现为能预见或不能预见的正负向价值实现。

技术主体应用技术客体作用于客体，客体对技术主体会产生能预见或不能预见的正负向价值，是通过归纳法所得出的客观规律。有学者应用熵的理论对这一客观规律中技术的负面生态效应产生的原因进行了剖析，她说："人工自然中的创造物无一不是通过技术从天然自然中吸取低熵的物质和能量而得以产生，同时却把高熵的废物垃圾排给天然自然。所以人工自然中的技术创造物的存在就是天然自然中物质存在状态的异化。"①

网络技术作为一种高新技术，同样适用这一客观规律。当作为技术主体的人类应用网络技术改造作为客体的客观世界之时，客体对技术主体会产生能预见或不能预见的正负效应。比如，人类应用网络技术改造作为客体的客观世界，网络技术在实现其正向价值的同时，计算机等硬件设施不可避免地会产生电子垃圾，电子垃圾又对技术主体产生能预见或不能预见的负效应。这是因为，网络技术的应用，就是利用天然自然中低熵的物质、能量构建一个人工自然系统的过程，在构建的同时，必然会有高熵的废物垃圾排给天然自然，废弃的计算机等硬件设施所形成的电子垃圾就属于高熵的废物垃圾。

较之传统"耗能型"技术，网络技术是一种熵增较小的"绿色技术"。但是，"从熵增原理——热力学第二定律来看，信息作为使组织有序是相对的，信息作为熵增或成为污染、垃圾是绝对的。"②虽然发展网络技术较之发展传统"耗能型技术"，由于耗费能量与社会经济效益之比相对较小，因而熵增较小，有利于社会系统的可持续发展；但是由于网络技术也必然会引起熵增，而社会环境系统的负担能力也是有限的，所以应用网络技术对自然生态环境带来的负面影响是不容忽视的。

网络技术是一种具有社会变革作用的技术，在各国政府的大力推动下，网络技术几乎被人们广泛地应用于军事、经济、政治、教育、文化、休闲、娱乐等社会生产与生活的所有领域，并在这些领域充分展示了其正向价值的实现。网络技术的广泛应用，必然引起计算机、电缆或者光缆等网络技术硬件设施的广泛应用。废旧的计算机等电子

---

① 李世雁："自然中的技术异化"，《自然辩证法研究》，2001 年第 3 期，第 24～26 页。

② 崔晓西：《流动的边界——网络与信息》，厦门大学出版社 2000 年版，第 187 页。

设备含有很多有毒有害物质，可渗入地下水，焚烧又放出二噁英等致癌物质。废旧的计算机等电子垃圾中的有毒有害物质主要包括铅、汞、镉、六价铬、聚合溴化联苯（PBB）、聚合溴化联苯乙醚（PBDE）等。美国硅谷有毒物质联盟的一份报告指出：如果美国所有的消费者决定在同一时间（2008~2009 年）淘汰过时的计算机，那么，美国的电子垃圾就将出现"海啸"。根据最保守的估计，2006~2015 年美国电子垃圾的再生以及处理费用至少是 108 亿美元。据统计，欧洲每年也将产生 600 万吨电子垃圾，到 2010 年其电子垃圾数量将增加到 1200 万吨。这表明，伴随网络技术在社会众多领域中充分实现其正向价值的同时，应用网络技术所产生的电子垃圾对环境造成的污染也呈日益加重的趋势，这就是网络技术的自然生态价值的负向实现。

4.1.2　网络技术客体的相对独立性

网络技术客体一经产生，对于网络技术主体而言，就有其相对的独立性。网络技术客体的结构、属性、功能等的独立性，使技术客体作用于主体改造的客体（客观世界）之时，除了产生满足主体需求的正价值，还会产生有悖主体价值取向的负价值。

现代技术的一个突出特点就是结构的网络化，比如：汽车技术就是由汽车生产技术、售后服务技术、道路交通技术以及交通管理技术等组成的技术网络系统。技术的网络化存在，使得网络上某一技术子系统上出现的错误，就会破坏整个技术系统的结构和功能，造成毁灭性的灾难。网络技术也是一个复杂的技术系统，它是由网络技术的软件、硬件等子系统组成，其中网络安全技术子系统是网络技术系统中一个重要的组成部分。目前，就世界范围来看，网络安全问题是影响网络经济、网络政治等领域发展的瓶颈，相对于网络技术应用层面的其他子系统，网络安全技术子系统是一个相对薄弱的环节。究其原因在于，网络建设的初衷就是建立一个信息共享的媒体平台，信息共享就没有必要对网络上的信息进行保密与防范。然而，随着对信息安全要求很高的电子商务和电子政务等领域的发展，网络安全问题就显得十分突出，而相应的网络安全技术又不能很快地跟上这些领域发展的要求，这就导致了在网络技术发展的初期，网络安全技术子系统相对于其他网络技术子系统的发展出现相对滞后的情况。现在，世界各国都已认识到了网络信息安全的重要性，加大了对网络安全技术领域的研究与开发力度，网络安全技术子系统日臻完善。由于社会上总是有一些人基于各种各样的目的，试图突破网络安全技术子系统的束缚，因此，网络安全技术子系统在实现其正向价值的同时，总是面临着被突破的风险，一旦遭遇风险，就可能给整个网络技术系统造成毁灭性的灾难，相对于特定主体的价值取向，这就是网络技术给人们带来的负向价值。

人们应用网络技术在网络上进行交往时，会发现网络技术具有交互性、全球性、无中心性、身份虚拟性等自然属性。相对于特定主体的价值取向，网络技术主体应用网络技术的这些自然属性，会展现出网络技术的各种功能，而且正向功能的展现与负向功能的展现具有共生性。下面分别阐述网络技术的上述四个自然属性及其正负向功能的展现。

（1）交互性及其正负向功能的展现

较之传统媒体技术，交互性是网络技术一个十分显著的自然属性。交互性指的是国际互联网所提供的信息交流方式是双向的。传统的信息传播是单向的，如广播、电视等在信息发布出去的同时，不知道有多少接受者，也不知道接受者是谁。信息的接收者对信息根本就不可能有任何选择。而网络技术则实现了信息提供者与获取者的双向交流。信息的提供者在发布信息的同时，可以及时收集信息获取者的信息；信息获取者在收集信息的同时，可以对信息提供者的信息进行选择接收。因此，这种信息通讯和人与人之间直接进行面对面的信息交流有些类似，提高了人们信息获取与利用的效率。马克思说："社会关系实际上决定着一个人能够发展到什么程度。"① 网络给人们提供了一个全新的交往平台，使人们能够彻底摆脱个体的、地域的、民族的狭隘性，为实现人的全面发展提供了技术保障。网络虚拟空间的出现，沟通了人们的心理空间与现实空间，可以提供给人们一种"另类生存"的体

---

① 马克思、恩格斯：《马克思恩格斯全集》（第3卷），人民出版社1960年版，第150页。

检。人们受到压抑的心理欲求，可以寻求在网络空间中得到一定程度上的释放，使一些人的心理在某种程度上得到平衡，一些心理疾病或者反社会的行为就可能避免。较之传统媒体，网络媒体不仅使人们能够阅读作品，而且还可以使他们参与作品的创作，"网络交互小说"的出现不仅提高了网民的欣赏能力，而且能够培养网民的写作能力。不久的将来，多媒体技术和虚拟现实技术将广泛地融入网络技术之中，"如见其人、如闻其声、如临其境、如历其事"不仅仅是想象力的产物，而且能成为感觉器官的真正体验，大大增强了人们认识与实践的能力。

网络技术的交互性功能再大，它也是现实交往的补充，网络交往只是人们社会交往的一个部分，而不能成为全部。然而，这一点并没有被所有的网民所认识。一些人沉溺于网络交往，终日与网络为伴，必然会削弱其现实生活中的社会交往。从人与人之间的情感距离而言，网络使虚拟世界中人与人之间的情感距离拉近的同时，也使现实生活中的人际隔阂变大了。沉溺于网络交往，不仅会弱化现实社会的交往能力，而且会产生严重的心理疾病。网络虚拟空间虽然可以减少一些心理疾病或者反社会行为发生的可能性，但是"互联网成瘾综合征"（IAD）却严重地损害着一些网民的身心健康，1999 年 8 月，在美国心理学协会年会上公布了一项最新研究成果，称大约有 6% 的网民患有某种形式的 IAD。多媒体技术和虚拟现实技术大大增强了人们认识与实践的能力，当然这里的"能力"也包括一些人危害社会的能力。已有心理学家指出网络暴力电子游戏比暴力电影更为恶劣，因为电影仅仅是看看而已，而网络电子游戏却可以参与其中，使虚拟现实中的屠杀演变成现实社会中的屠杀的可能性增大了。可见，网络技术的交互性在展现其正向功能实现的同时，也展现出其负向功能的实现。

（2） 全球性及其正负向功能的展现

互联网是一个超越国界的虚拟时空，网民无须申请护照与签证就可以自由访问外国网站，与外国网民自由地交往，互联网加强了各国网民之间的交流，促进了各国经济、政治、文化等各项事业的发展。新型的社会关系——网络社会关系正在形成。相应地也会产生调整这些新型社会关系的网络法律规范与网络伦理规范。以网络经济为例，网络媒体的全球性、互动性便利了全世界范围内市场主体之间信息的交流，使企业内部部门与成员之间、企业与企业之间、企业与金融机构之间、企业与消费者之间、企业、消费者与政府之间实现了低成本高效率的联系；网络媒体的全球性使市场对资源配置更加合理，更加有力地打破了经济与政治方面的垄断，使企业更好地参与市场竞争，使消费者能够买到更为价廉物美的商品；此外，网络媒体的全球性也使企业增加了更多发展的机会，很多企业正是通过网络使自己的销售额大幅度地增加。

但是，也应看到，网络技术的全球性给跨境侵权与犯罪的查处带来了困难。跨境的侵权与犯罪主要有知识产权侵权、暴力色情网站传播有害信息、利用网络的诈骗活动、针对他国网站的黑客入侵与破坏等。据调查，全球平均 20 秒钟就发生一起"黑客"事件，"网络恐怖主义"更是被美国列为未来影响国家安全的首要因素。网络的全球性特点，一旦发生网络信息产品的知识产权侵权，则被侵权的信息产品就将被互联网传遍全球，给网络信息产品的权利人造成巨大的损害。由于各国法律规定的不同，一国认为违法或犯罪的，另一国则予以认可；既使两国都认为是违法或犯罪的行为，那么对他国生效判决的执行以及其他司法协助事项都会遇到诸多麻烦。

此外，网络技术的全球性，在极大地促进了文化交流的同时也带来了文化的冲突。目前，美国正是借助其技术和语言优势，将自己的价值观念和生活方式通过网络渗透到世界各地各民族的本土文化中。正如一位学者所说："今天的国际互联网带有明显的美国味道。美国文化与网络文化的微妙交织是一个很大的迷团。"① 全球化弥漫着一股美国化的味道，有的学者把这种现象称为文化殖民主义或文化帝国主义。

（3）无中心性及其正负向功能的展现

网络技术的无中心性使得任何一个国家的政府都无力像管理传统媒体那样来管理互联网，互联网成为一个对传统政治权力解构的革命

---

① ［美］埃瑟·戴森：《数字化时代的生活设计》，海南出版社 1998 年版，第 102 页。

性的技术力量。人们可以基于个人的兴趣、政治主张、共同利益等，在互联网上结成虚拟社会团体，讨论各种政治问题。网络技术为自主精神、权利意识、自由与平等精神提供了技术保障。传统媒体，目前已被政府严格地管理与控制，人们的思想观点要经严格地审查才能在传统媒体上发表。而网络是一个平民的传媒，任何人都可以较为自由地发表自己的作品。网上的聊天室、论坛、BBS、新闻组、留言簿以及电子邮件，都为人们发表言论提供了很大的便利。目前网上发表言论相当自由，是真正意义上的"只要你敢说，我们就敢登。"①传统媒体已被"学院派"和专业作者所垄断，网络技术的无中心性，为打破这种垄断提供了技术支持，为文化领域人才的新陈代谢以及作品的人民性提供了测试的平台。

网络技术的无中心性也同时显示了其严重的负面作用，这集中表现在网络无政府主义的泛滥及其所引发的网络安全问题。网络交往所提倡的自主、自由精神，从另一个方面来理解，就是网络管理的弱化，这为一些人滥用自由权利创造了条件，无政府主义在互联网上大行其道。网络媒体较之传统媒体的这种较高的自由度也带来了诸多弊端。首先，网上信息精品少，垃圾多。也许在网上花费很多的时间去查找，所获有价值的信息却很少。网络作品大多具有"速食食品"和"精神快餐"的特征，其特点是篇幅短小、立意浅显、构思匆匆、不讲技巧、语言缺乏精雕细刻，甚至错别字较多。这样的作品和文本为传统媒体所不屑，如果投到期刊上，100 篇有 99 篇注定要被拒稿，幸存下来的那一篇，也得修改几个来回才有望变成铅字。其次，网上充斥有害信息（如暴力信息、病毒、反动信息等）与色情信息。青少年上网很容易被网上的暴力、色情信息所诱惑而荒废事业与学业。网络病毒每年也要造成巨大的损失，网络反动信息更是严重地干扰了国家安定团结的政治局面。第三，针对国家安全、社会稳定的重要信息的违法与犯罪也十分猖獗，重要信息包括政务信息、企业的商业信息和公民个人的数据资料等信息。以政务信息为例，如果政务信息系统被破坏，则

---

① 巫汉祥：《寻找另类空间—网络与生存》，厦门大学出版社 2000 年版，第 19 页。

正常的政务活动就无法开展；如果政务信息被不法分子删除、篡改或者歪曲，就会侵犯公众的知情权，并进一步影响公众的参与权；如果依法应当保密的政务信息在传输过程中被不法分子截获或者非法公开，就会给国家安全造成难以弥补的巨大危害。第四，较之传统媒体，网上信息的可信度较低，网上言论自由度较高是以信息可信度较低为代价的。由于网络技术的无中心性，使各国政府对网络的管理程度比不上对报刊、广播和电视的管理程度，任何人都可以在网上发布与获取信息，因而使网上信息的质量参差不齐、真假难辨。

（4）身份虚拟性及其正负向功能的展现

较之于电话等互动性的媒体，国际互联网具有交往身份的虚拟性质。虚拟性使网上交往剔除了诸如性别、年龄、民族、职业、肤色、国别的界限，使人们感觉到交往的自由与平等，而且能够体会到一种现实生活中无法体验到的另类生存状态。另类生存状态有利于网民心理的调节。由于身份与地位的限制，使人们之间传统的交往方式固定不变，社会化的过程压抑了真实的自我，很大一部分人的心理健康都有一定的问题。一些人对现实生活中自己的身份感到不满意，对现实生活中的交往感到恐惧或乏味，从而对生活丧失了乐趣。网民通过网络交往，通过扮演自己中意的角色，可以调节自己的心理，使自己的生活变得丰富多彩。网络技术身份隐匿性的特点，也使得网络交往行为失去了现实交往中的各种监督。所以，网络用户自己干什么、怎么干，都是一种自己对自己负责，自己为自己做主，自己约束自己，自己管理自己的一种自主伦理选择形态。网络虚拟现实为依赖型伦理向自主型伦理的嬗变提供了可能，为人们主体能动性和潜能的提升提供了发展的空间。

网络技术的虚拟性在展现其正向功能实现的同时，也展现出其负向功能的实现。一些人由于过于沉溺于网上虚拟的角色，到了不能自拔的地步，而影响了自己现实的生活与工作。比如：过于沉迷于网络游戏，实现自己的"英雄"梦，使得一些人耗费了大量的时间、精力与财物去玩网络游戏，从而导致现实生活中自己学业、事业的荒废。更为严重的是，网上暴力游戏还能诱发犯罪，使一些青少年走上了犯罪的道路，以致抱憾终身。此外，网络身份的虚拟性也为少数不道德的人、甚至违法犯罪分子所利用，一些人利用网络所实施的诈骗犯罪已经造成了严重的社会危害性。而且，由于追究网络犯罪的刑事责任较为困难，使得这类诈骗犯罪的发生率居高不下。人对于自身与社会要求不相容的需要以及对能力的逆向发展，常常迫于外在的法律的威严和伦理道德的压力而能够加以有效的控制。但是网络社会中人的活动可以用虚拟身份进行，虚拟的网络社会关系摆脱了现实社会关系中的种种顾及，似乎无所约束，因此网络社会成员极容易显露出人性阴暗的一面，于是网络失范就成为网络社会一个严重的社会问题。网络不道德行为，甚至网络犯罪案件逐年增加。根据学者的调查，在 3000 名被调查的网民中，46% 的人有过浏览色情网页的经历，76% 的人曾沉湎于"内容不甚健康"的聊天室。①

4.1.3　网络技术应用境域的多样性

网络技术客体一经产生，不仅会被网络技术创造主体所应用，也会被其他主体所应用。由于不同的网络技术应用主体所处社会环境的多样性、持有价值观念的多样性，这样就形成了网络技术应用境域的多样性。一方面，应用的结果可能是网络技术创造主体难以预见的；另一方面，相对于网络技术创造主体的价值取向，应用的结果可能是正向的，也可能是负向的。下文，就将这两个方面分述如下。

（1）网络技术应用结果的难以预测性

对技术客体社会效应的预测问题是技术与社会研究领域中的一个重要课题，这是因为，对技术可能带来的社会效应进行预测，可以根据预测的结果，采取必要的行动，以求在未来的竞争环境中取得主动的地位。不过，从以往关于技术社会效应预测的事例中，可以看出，预测的准确率不是很高。比如，当电话刚刚问世时，就连当时十分权威的学者也将其视作连儿童玩具都不如的东西，根本没有想到电话后来会在人类历史上扮演如此重要的角色。笔者认为，这是由于新技术

---

① 张震：《网络时代伦理》，四川人民出版社 2002 年版，第 121 页。

被社会所认可的程度、技术应用所激发起的新的社会需求、技术应用的负面社会作用在事前都较难估计等原因造成的。对网络技术客体社会效应的预测也有类似的情况，比如，未来派学者（如托夫勒）预言在信息网络时代将实现无纸化办公与在家办公，信息网络时代到来后，实际情况却是，纸张的用量较前网络时代大幅度增加，在外办公发展的速度也快于在家办公发展的速度。格雷厄姆认为，未来派学者对技术社会作用的预测不够准确，是由于他们没有从人类的需求（ends）来探讨技术手段（means）的社会效应问题。① 根据格雷厄姆的上述理论，笔者认为，将电脑中的文件打印出来更能满足人们的需求（ends），是导致纸张用量有增无减的原因；人是社会性的群居动物，技术很难改变人类长期以来的行为习惯与心理需求（ends），很多人难以忍受在家办公的孤独感，在家办公难以提高他们的工作热情与工作效率，所以，虽然网络技术提供了在家办公的可能性，而实际上却出现了在家办公发展的速度慢于在外办公发展的速度的社会现象。因而，在家办公可能带来的正面社会效应，就不像未来派学者所预测的那样多。

（2）网络技术应用结果的正负向价值二重性

网络技术是 20 世纪 60 年代末，美国基于政治军事安全的需要而首先开创的，1986 年以后，开始走上了民用化的道路。网络技术是计算机技术、通信技术、多媒体技术等高新技术相结合的产物，处于不断的发展与变化之中。当初网络技术的开发人员，很难预测网络技术的正负面价值实现。网络技术在经济、政治、教育、文化、休闲娱乐等广泛的领域被广泛地应用，取得了显著的正向价值实现。然而，网络病毒、网络赌博、网络欺诈、网络暴力游戏、网络色情也借助于网络技术的互动性、全球性、无中心性、身份隐匿性等特点，造成了严重的社会危害性。虽然网络技术的创造主体不愿意看到这些负向价值实现，但是网络技术客体一旦产生，就具有相对的独立性，它可以帮助好人做好事，它也可以帮助坏人做坏事，这就产生了网络技术的正

---

① Graham G: The Internet: *A Philosophical Inquiry*, London: Routledge. 1999. 6~14, 162.

负向价值实现。

4.2 网络技术价值二重性产生的主体性原因

4.2.1 网络技术创造主体的价值观

作为网络技术主要创造主体的发达资本主义国家的政府及其扶持下的科研机构的片面性价值观，是网络技术价值二重性产生的主要的主体性原因。

（1）网络技术的创造主体

网络技术属于个别企业难以承担的大型技术项目，网络技术的创造主体是政府及其扶持下的科研机构。Internet 的前身是阿帕网（AR-PAnet），"阿帕网"（ARPAnet）是由美国国防部资助，美国国防部高级研究计划署的信息处理技术办公室于 1968 年研究开发的。阿帕网的成功运行导致了美国国家基金会于 1986 年建立了国家科学基金网（NSFNET），开始走上了民用的道路。由于互联网能够满足人们经济、政治、教育、文化、休闲、娱乐等多方面的需求，在各国政府的大力推动下，得到了广泛的应用与发展。"没有哪项技术能向网络技术一样，在很短的时间获得全世界的统一共识；也没有哪项技术能像网络技术一样，普遍由国家政府推动。"①目前，无论是发达国家还是发展中国家的政府，都大力推动网络技术的发展。美国自 1993 年提出建设"信息高速公路"以来，提出到 2015 年前，将电缆铺设到所有家庭。欧盟在 1995～1998 年期间，为信息技术提供了一项 23.5 亿美元的科研经费，并计划在未来 10 年投资 9000 亿法郎发展欧洲信息高速公路。1993 年，日本政府和民间企业同心协力，筹建了日本式的信息高速公路，并计划 2010 年在全国实现光缆网。在南美洲，巴西、阿根廷、巴拉圭等发展中国家，光纤电缆传输网络的铺设工作正在紧张进行，以适应开发信息高速公路的需要。网络技术在我国也得到了快速的发展，

---

① 王晓春：《网络问题的社会学分析》（东北大学博士论文），2001 年发表，第 12 页。

1993 年"三金"工程开始启动，1994 年我国正式连入国际互联网络，电子商务、电子政务已经家喻户晓。截至 2006 年 6 月，我国网络用户已达 1.23 亿，"互联网"已经是媒体中最频繁出现的词语之一。

　　既然网络技术的创造主体是政府及其扶持下的科研机构，那么各国政府尤其是美国政府的价值观念对网络技术价值二重性的产生具有举足轻重的作用，这是因为西方发达国家特别是美国在网络技术创新领域占据着主导地位。马克思在《资本论》这部巨著中，详尽地考察了资本主义生产方式以及与此相适应的生产关系和交换关系，透彻地阐述了剩余价值学说，揭示了资本主义生产的秘密，找到了劳动（技术）异化的真正原因。网络时代、知识经济时代的到来，并没有改变西方发达国家资本主义的社会性质。在资本主义社会中，技术创造主体的社会功利主义技术价值观、工具理性主义技术价值观仍然是网络技术价值二重性产生的主体性原因。社会功利主义技术价值观，是指一些技术创造主体只是着眼于技术局部的、眼前的、直接的、利己主义的经济和政治军事方面的价值，而忽视技术全局的、长期的、间接的、符合社会公众利益的自然生态、社会人文等方面价值的一种失当的技术价值观。工具理性主义技术价值观，是指一些技术创造主体将技术作为实现人类目的的一种手段，认为凡是技术上能够做的都应该做，不关心目的本身是否合理的一种失当的技术价值观。

　　（2）社会功利主义技术价值观与网络技术价值二重性的产生

　　在社会功利主义技术价值观的推动下，各国政府都大力研究开发网络技术，增强本国在经济、政治军事等方面的综合国力。网络技术引起了经济领域的大变革。首先，生产力的三大要素发生变革。其次，网络技术也引起了商务领域中的变革，主要体现为经济全球一体化加剧、中间环节减弱、商务活动的全天候运作、产生新的电子商务法律部门等。网络技术在直接民主方面产生的积极影响，也推动了政府管理的民主化进程，使政府职能和政府组织形式的变革成为可能。网络技术也加强了军队的信息化建设，增强了国防力量。然而，各个国家利益的对立、价值观的冲突，使得各国在对经济、政治军事等方面综合国力极力追求的同时，也造成了严重的环境污染和"数字鸿沟"问题。由于网络技术的快速发展，电子产品更新换代速度加快，电子垃圾的产生速度也相应加快。美国硅谷有毒物质联盟的一份报告指出：如果美国所有的消费者决定在同一时间（2008～2009 年）淘汰过时的计算机，那么，美国电子垃圾就将出现"海啸"。根据最保守的估计，2006～2015 年美国电子垃圾的再生以及处理费用至少是 108 亿美元。据统计，欧洲每年也将产生 600 万吨电子垃圾，到 2010 年其电子垃圾数量将增加到 1200 万吨。我国每年淘汰的电视、洗衣机、冰箱、空调、计算机数量在 2000 万台以上，报废手机达 7000 万部。"数字鸿沟"引发了发达国家与发展中国家，社会阶层、个体之间新的不平等，是引发诸多社会问题的技术根源。

（3）工具理性主义技术价值观与网络技术价值二重性的产生

资本主义社会制度是工具理性主义技术价值观泛滥的社会根源。工具理性主义技术价值观关心的是手段和功利目的之间的关系，关注的是一种"技术的认识旨趣"，[①] 而不关注人的旨趣，其根本任务是"为人们在任何时候选定的目的寻找手段"，却不关心其目的本身是否合理。[②] 资本家为了谋取剩余价值的最大化，往往不惜损害劳动者的身心健康。在信息网络时代，信息已经成为最重要的社会资源，信息产业劳动者的比例在逐渐增加。资本家为了谋取剩余价值的最大化，给信息产业劳动者营造了苛刻的工作环境，超过劳动者智力常数和心理承受能力的信息处理压力，使很多人患上了"信息病"。"信息病"的主要类型有："精神不安"症：因找不到所需的信息而心生烦躁；"消化不良"症：短时期接受信息过多而引起的信息吸收效率低下；"厌食"症：对必要的信息无动于衷、拒而不受；"过敏"症：对一般正常信息产生异常反应和疑虑；"紧张"症：由于相关信息数量过大、流速过快，来不及处理与选择而使心理压力加大。

4.2.2　网络技术应用主体的价值观

置身于两类不同性质的网络虚拟现实之中，源于网络技术的社会

---

① Habermas J: *Knowledge and Human Interests*, Stone: Beacon Press. 1972. 308.

② Max Horkheimer: *Critique of Instrumental Reason*, New York: The Seabury Press. 1974. Vii.

属性，网络技术应用主体的相对性技术价值观也是网络技术价值二重性产生的主体性原因之一。

（1）两类不同性质的网络虚拟现实与网络技术价值二重性的产生

笔者将网络虚拟现实区分为作为数字化模拟物的虚拟现实和作为数字化社会关系的虚拟现实。在这里，虚拟现实不仅指运用虚拟现实技术所营造的虚拟现实，而且还包括运用一般网络技术所营造的虚拟现实。数字化的模拟物就是利用数字技术将现实物理空间中的各种事物以及人们思维中的创造物再现在网络之上所形成的人们认识与实践的一种客体。数字化的社会关系就是人们以网络为媒介所建立起来的社会关系。如果这种社会关系是现实社会中的人以真实身份进行的交往，比如亲属之间远距离的网上交流，那么这只是现实的人以网络为媒介的一种交流方式，这种交往关系可以视同现实社会的交往关系。如果这种社会关系是现实社会中的人以虚拟身份进行的交往，那么这种交往关系就是现实社会交往关系以外形成的新型社会关系。以上分析表明，在网络虚拟时空，人们之间的社会关系可以分为两种类型：一种是基于数字化模拟物的开发、传播、管理、使用等行为所产生的社会关系；另一种是人们借助网络以虚拟的身份进行交往所建立起来的新型社会关系。由于参与虚拟交往并在网络虚拟现实中形成社会关系的主体都是现实社会中的人，所以网络技术价值的正负向实现可以从参与虚拟交往的现实社会中的人的身上来寻找答案。网络交往主体基于正当的价值观应用网络技术，可以实现网络技术的正向价值；网络交往主体基于失当的价值观应用网络技术，就会产生网络技术的负向价值。网络游戏软件就是一种数字化的模拟物，网络游戏软件的开发者是现实社会中的人，网络游戏软件的消费者（主要是青少年）也是现实社会中的人。网络游戏软件的开发者可以基于正当的价值观开发出符合现实伦理规范要求的网络游戏软件，也可能基于牟取不法利益等失当的价值观而开发出有悖现实伦理规范的网络游戏软件。弘扬勇敢、忠诚、勤俭、正直等道德观念的网络游戏软件有利于青少年良好品质的培养；而宣扬淫乱、残暴、冷酷、卑鄙等道德观念的网络游戏软件则会使青少年形成不健康的人格或者阻碍他们健康人格的形成。

借助网络以虚拟的身份进行交往所建立起来的新型社会关系不仅仅是一场游戏，而是要产生一定法律责任的社会关系，创设网上角色的现实中的人是要对其网上交往行为的结果承担法律责任的。① 比如，甲女士在现实社会中有丈夫乙，由于感到现实社会中夫妻生活的乏味，他又在网络虚拟世界中通过网婚嫁给了另外六位"丈夫"，除了周日晚上把时间留给自己以外，从周一到周六，他每天晚上都在一个"丈夫"的陪伴下在网上度过。后来，甲的丈夫乙发现了甲的行为，基于她的不忠行为而与她解除了婚姻关系。这一案例表明，甲的这种行为是违反我国《婚姻法》的不道德的违法行为，她应为此承担法律责任。

（2）网络技术的社会属性与网络技术价值二重性的产生

技术是自然属性和社会属性的统一体，网络技术也是网络技术的自然属性与社会属性的统一体。网络技术应用所带来的正负向价值不仅要从网络技术的自然属性中去寻找答案，还应当从网络技术的社会属性中去寻找答案。上文，关于网络技术价值二重性产生的客体性原因，论述了网络技术的自然属性及其正负向功能的展现。这里进一步论述网络技术的社会属性及其正负向价值的实现。

对于网络技术的社会属性及其正负向价值的实现，笔者将以网络技术的政治价值二重性为例进行分析。网络技术的无中心平行性、交互性为直接民主提供了技术上的便利。网络技术在直接民主方面的积极影响，也推动了政府管理的民主化进程，使政府职能和政府组织形式的变革成为可能。政府职能的变革体现为变"大管理小服务型"政府为"小管理大服务型"政府，政府组织形式的变革体现为变金字塔式的行政组织形式为扁平化的行政组织形式。然而，政府在技术上和经济实力上具有绝对的优势，控制了社会80%以上的有价值的信息资源，政府完全有能力控制网上的投票选举活动，限制人们的言论自由，网络技术完全可以为政府实施集权统治提供技术保障。网络技术所体现出来的政治价值二重性，产生的原因是什么？笔者认为，不能从网络技术本身（网络技术的自然属性）来寻求这个问题的答案，而应当

① Graham G： The Internet：*A Philosophical Inquiry*，London：Routledge. 1999. 162.

从一个国家的社会制度来寻找答案，不同国家不同的社会制度，应用网络技术于政治活动，就会产生网络技术在政治方面的社会属性。网络技术并不必然导致民主政治，它只是为民主政治提供了技术上的可能性，网络技术也并不必然导致集权政治，它也只是为集权政治提供了技术上的可能性，网络技术这种不包含任何价值判断的属性就属于网络技术的自然属性。一个国家的社会制度决定了这个国家是选择民主政治还是选择集权政治，从价值观的视角来看，政治价值观决定了国家的政体，网络技术的政治属性决定于不同国家的社会制度及其政治价值观。如果把民主政治视为技术价值的正向实现，集权政治视为技术价值的负向实现，网络技术体现为推动民主化进程的正向价值实现，还是体现为推动集权化进程的负向价值实现，这完全取决于一个国家的社会政治制度以及与此相适应的政治价值观。从社会制度的角度来看，资本主义民主是有限的民主、少数人的民主，政府利用网络技术对广大劳动群众推行集权统治，以维护这种有限的民主、少数人的民主；社会主义民主是广泛的民主、多数人的民主，政府利用网络技术保障广大劳动群众当家作主。

（3）网络技术应用主体的相对性技术价值观与网络技术价值二重性的产生

网络交往所产生的后果要由创立网络角色的现实社会中的网络技术应用主体来承担，网络技术应用主体的技术价值观具有相对性，以一个国家的基本方针政策、法律法规为坐标，可以把网络技术应用主体的价值观分为正当的网络技术价值观与失当的网络技术价值观。在有些情况，网络技术价值的二重性决定于网络技术应用主体的技术价值观，网络技术应用主体的正当的网络技术价值观一般与网络技术的正向价值相对应，网络技术应用主体的失当的网络技术价值观一般与网络技术的负向价值相对应。在自然生态方面，人们已经认识到由计算机等电子产品所产生的电子垃圾中的有毒有害物质主要包括铅、汞、镉、六价铬、聚合溴化联苯（PBB）、聚合溴化联苯乙醚（PBDE）6种，许多国家都通过立法禁止在电子产品中使用含有这些有害物质的元器件。正当的网络技术价值观体现为对法律法规的遵守，失当的网络技术价值观体现为对法律法规的违反。失当的网络技术价值观主要是指片面的经济功利主义的价值观，主要表现为，为了减少产品的成本，明知是含有有害物质的元器件仍然使用的违法行为。在网络经济领域，网络技术应用主体正当的网络技术价值观促进了网络技术经济正价值的实现，现在，生产力三大要素的变革和商务领域中的变革正在进行之中。不过，网络技术应用主体失当的网络技术价值观也导致了网络技术经济负价值的实现，网络欺诈、网络侵权问题十分严重，十分火爆的网络色情业和网络暴力游戏软件业也严重地损害了青少年的身心健康。在网络政治领域，基于正当的网络技术价值观，网络技术为实现直接民主、为政府组织形式和管理职能的变革提供了技术保障；然而，基于失当的网络技术价值观，网络集权政治、网络政治黑客、网络纳粹分子、网络邪教分子、网络反华分子等也严重地威胁着国家的主权、社会秩序与公民的基本权利。在网络人本领域，网络技术应用主体正当的网络技术价值观弘扬了自主精神、共享观念、奉献精神、权利意识、平等精神、自由精神、民主精神等积极向上的伦理精神，但是，网络技术应用主体失当的网络技术价值观也使得虚伪、残忍、贪婪、自私、以及无政府主义、剥削阶级等级观念等腐朽落后的伦理观念在网络的虚拟空间中得以恣意传播。

第5章　网络技术正向价值的实现

总结第 3 章关于网络技术负向价值的阐述，大体可以将网络技术负向价值分为由于"数字鸿沟"问题所引发的负向价值和由于网络安全问题所引发的负向价值这两大关键性问题。"数字鸿沟"问题，实质上是网络技术正向（和负向）价值向更高发展阶段的实现问题，所以，本章研究的目的就是意在解决"数字鸿沟"问题。

这一章，首先，阐述网络技术属于革命性技术以及网络技术正向价值实现的意义；其次，分析阻碍网络技术正向（和负向）价值实现的主客体性因素；最后，针对这些主客体性因素，提出网络技术正向（和负向）价值实现的主客体性对策。见图 5－1。

而网络安全问题，则在第 6 章着重研究。值得注意的是，网络技术正向价值实现的过程一定会伴随网络技术负向价值的实现，网络技术正向价值的实现实际上就是网络技术价值二重性在更高发展阶段的实现。在由低层次向高层次不同阶段的网络技术与社会交互作用的发展模式中，网络技术正向价值实现与负向价值实现会有不同的表现，所以，无论是先进的网络技术主体还是落后的网络技术主体，都要面对如何协调网络技术正向价值实现与网络技术负向价值实现的关系问题。在解决网络技术正向价值实现问题的同时，必须考虑如何解决相伴而生的网络技术负向价值实现的问题。因此，第 5 章网络技术正向（和负向）价值向更高发展阶段的实现问题，与第 6 章在保证网络技术正向价值充分实现的基础上网络技术负向价值的尽力消解问题，必须有机结合起来进行研究。

还有一点值得注意，根据在第 2 章阐述的马克思主义技术与社会

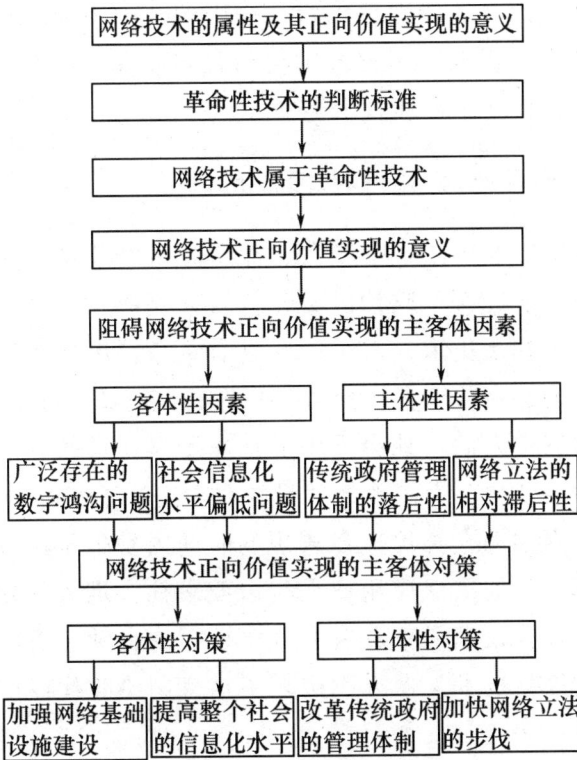

图 5 - 1　第 5 章内容的逻辑关系

互动关系理论，可以推知，在网络技术与社会环境中其他因素的互动过程中，社会环境中其他因素不是自动适应网络技术创新与应用的要求，而是可能适应网络技术创新与应用的要求，也可能会阻碍网络技术创新与应用的要求，所以，有必要调整阻碍网络技术创新与应用的社会环境因素，为网络技术正向价值的实现提供环境保证；同时，必须意识到这种调整不是任意的，而是有一定限度的，这个限度来自于网络技术对社会环境中其他因素的决定或影响作用。

5.1　网络技术的属性及其正向价值实现的意义

对技术（这里指的是具体的技术）可以从不同角度进行分类，从技术对社会影响范围的大小以及程度的深浅，可以将技术分为一般性技术与革命性技术。一般性技术对社会影响范围小或者程度浅；而革命性技术对社会的影响则不仅范围大而且程度深。那么，网络技术属于一般性技术，还是革命性技术呢？

5.1.1 革命性技术的判断标准

制约或整合技术在社会中产生、推广应用以及发展变化的社会需求主要包括军事、经济、政治、文化、教育科研、社会生活、娱乐休闲等诸多方面。在历史上，由于一些具有革命性历史作用的技术满足了人们多方面的社会需求，在社会的一些重要领域中得到广泛的应用，并引起这些领域中人们对社会需求的观念不仅在量的方面而且在质的方面发生重大的变化，人们曾经凭借这种全新的社会需求的观念的推动，利用该技术推动人类历史在较短的时间内发生了巨大的变化。在历史上，铁制工具的广泛应用使人类由奴隶社会进入封建社会，以蒸汽机为代表的近代技术则又敲响了封建社会的丧钟，而以网络技术为主力军的现代高新技术又使人类进入了信息网络时代或曰知识经济时代。

英国技术哲学家格雷厄姆从技术满足社会需求的角度阐述了技术革命的标准，他认为：某种技术使人类原来的需求更加便利地被实现，这项技术不属于革命性的技术，比如利用微波炉来煮饭的技术。某项技术如果使人类对于需求本身都发生观念上的转变，或者该项技术使原本无法实现的需求得以实现，那么这项技术属于革命性的技术，比如，器官移植技术使人的生命突破了自然的生理界限，改变了人们对生命、健康的传统需求方面的观念，使人们原本无法实现的需求得以实现。此外，格雷厄姆还区分了两种革命性技术，即某一领域的革命性技术和社会多领域的革命性技术。他认为，电视技术引起了人类休闲娱乐领域方面的变革，属于某一领域的革命性技术；而网络技术由于在社会众多领域中引起了革命性的变革，因而属于社会多领域的革命性技术。[①]

---

① Graham G：The Internet：*A Philosophical Inquiry*，London：Routledge. 1999. 24~39.

笔者认为，一项技术是否属于革命性的技术主要有两项标准：一项是，该技术社会影响范围的大小；另一项是，该技术社会影响程度的深浅。

陈昌曙教授通过比较科学革命与技术革命，指出技术革命是以渐进跃迁的方式进行的，新技术的出现，并未使旧技术立刻退出市场，新旧技术你强我弱、你荣我衰、可以并存。而科学革命则是正确理论取代谬误学说的一场斗争，新旧观念不能并存。① 笔者认为，科学革命与技术革命的区别，也表明了科学与技术的不同。科学是人类对自然规律与社会规律的认识，科学与人类的需求联系不是很紧密；技术是人类自觉或不自觉利用自然规律与社会规律来满足自身需求的实践活动，技术与人类的需求是紧密相联的。旧的技术在满足人类需求方面，虽然较之新的技术有所欠缺，但是它毕竟还是可以满足人类需求的，再加之新的技术也可能存在这样那样的缺点，因此旧技术与新技术就有可能并存。

5.1.2　网络技术属于革命性技术

网络技术在社会的众多领域得到了广泛的应用，这些领域主要有经济、政治、教育、文化、休闲、娱乐等，也就是说，网络技术几乎可以在社会生活的所有领域得到应用，因此，它满足作为革命性技术的第一项标准，是一种在社会多个领域具有广泛影响的革命性技术。

网络技术还满足革命性技术的第二项标准，它在社会众多领域中引起了巨大的影响，比如，在网络技术的影响下，社会经济、政治与教育这三个领域正在发生质的变化。

网络技术引起了经济领域的大变革。首先，生产力的三大要素发生变革。许多劳动者都成为掌握信息技术的知识型劳动者，受过高等教育劳动者的人数逐渐增多，劳动者被分为知识型白领与知识型蓝领；② 劳动工具也由传统的机器变为由电脑控制、或者与互联网相连接

---

① 陈昌曙：《技术哲学引论》，科学出版社 1999 年版，第 150～151 页。
② 孙雷：《信息技术人才成长特性分析》（东北大学博士论文），2002 年发表，第 102 页。

的智能化机器设备；信息与知识成为主要的劳动对象，创造、选择、编排与传播信息与知识已经成为许多劳动者的职业。其次，网络技术也引起了商务领域中的变革，主要体现为商务活动的全天候运作、经济全球化加剧、中间环节减弱、产生了新的电子商务法律部门等。

应用网络技术开展电子政务，为我国政治体制的改革提供了可能性，具体体现在以下几个方面：（1）政府职能由"大管理小服务型"政府变革为"小管理大服务型政府"；（2）政府组织结构由金字塔式组织结构变革为扁平化组织结构；（3）网络技术为直接民主的推行提供技术支持，并使政府决策机制与政府管理、服务水平的变革成为可能。

网络技术也引起了教育领域的变革，主要体现在以下几个方面：（1）改变了人们学习的观念，由"一次性学习"的观念改变为"按需学习"、"终身学习"的观念；（2）网络技术推进了教育产业化的进程；（3）改变了传统的师生关系，由"以教师为主导地位"改变为"以学生为主导地位"，学生可以选择老师，老师成为信息的编辑者、传播者，在教学活动中起辅助作用；（4）网络教育可以优化教师资源配置、降低学习成本、使随时随地在岗学习成为可能，它加速了大学教育大众化的进程。

前已述及，技术革命是以渐进跃迁的方式进行的，新技术的出现，并未使旧技术立刻推出市场，新旧技术你强我弱、你荣我衰、可以并存。[①] 技术革命的这一特征，在网络技术身上也有所体现。

互动性、全球性、虚拟性，特别是融合性，目前为什么没有使网络技术将其他媒体技术逐出历史舞台，而与报刊、广播和电视共存，并称为四大媒体呢？笔者认为，这是由网络技术的以下缺点决定的。（1）使用网络的费用较高。将网络与报纸进行比较，订一份报纸每个月只需十几元，上网获取这些信息至少要花几十元，而且购买一套能够上网的设备至少也得花几千元。可见，获取外界相同的信息量，订报纸的成本比上网要小，因而网络出现并未使报纸退出历史舞台。当

---

① 陈昌曙：《技术哲学引论》，科学出版社 1999 年版，第 150～151 页。

然，随着网络的普及及其使用的便利性的提高，互联网使报纸发行量减少可以说是一个趋势。同样的理由，也可以说明国际互联网的出现为什么没有使广播、电视彻底消失这一事实。（2）较之传统媒体，网络媒体中信息的可信度较低。由于网络的无中心控制性、跨国性，使各国政府对网络的管理程度比不上对报刊、广播和电视的管理程度，任何人都可以在网上发布与获取信息，因而使网上信息的质量参差不齐、真假难辨。对网络媒体的信任度较低，相应地对其需求也会降低。（3）由于网络用户的网络隐私权易于遭到侵犯、网络的安全性较差，也是网络未能取代其他媒体的原因之一。网络用户上网后，掌握高技术的政府有关部门、企业及其他组织与个人，会跟踪网络用户，非法获取其个人信息资料。一些重要的个人信息资料，如信用卡账号被窃取后，会给网络用户造成较大的损失；即便是网上 E - mail 地址被窃取，也会受到各种垃圾邮件的困扰。（4）网络安全问题十分严重，在网络上传播的各种病毒达到上千种之多，稍不留神就可能被病毒传染而遭受重大损失。也许有人会形成这样的观念：上网的次数与时间越少，染上网络病毒的机会越小。（5）网络带宽也是网络未能取代传统媒体的原因之一。因为使用宽带网成本较高，因而大多数网民仍然使用电话线上网，这样就无法满足人们观看影视作品的需求，因而使网络无法取代电视在人们生活中的作用。

综上所述，网络较之传统媒体具有成本高、可信度低、安全性差等缺点，目前技术人员正在研发新的技术来解决网络成本高、安全性差等技术难题；政府也在采取技术、法律、伦理等多种手段来解决网络信息可信度低等社会方面的难题，这方面的工作也取得了很大的进展。网络安全技术现在已成为网络技术研究的一大热点，受到社会各界的广泛关注并得到了快速的发展。笔者认为，随着网络技术的发展以及各国政府对网络共同管理能力的增强，网络媒体必将成为未来社会中最大的媒体。

5.1.3　网络技术正向价值实现的意义

网络技术作为一种具有社会变革力量的革命性技术，它的产生、广泛应用以及革命性影响波及社会生产生活的方方面面,网络技术推动人类社会进入了以知识经济为特征的后工业社会。根据马克思主义原理,网络技术作为一种革命性的生产力,势必推动网络经济的发展与繁荣,而网络经济发展的要求又势必引起社会政治结构的大变革,以及人们伦理思想和政治法律思想的大变革。在西方发达国家和我国的发达地区,网络技术在经济、政治和人民生活等方面的变革作用已经充分显现出来,并且也正在向更深层次和更广泛的领域拓展。而与此同时,"数字鸿沟"问题,则使广大发展中国家和我国的落后地区,加大了与西方发达国家和我国发达地区之间的差距,并由此引发了一系列的社会问题。

2008 年是世界反法西斯战争暨我国抗日战争胜利六十三周年,时至今日,战争的创伤仍然难以磨灭。在抗日战争中,我国人民付出了沉重的代价,遭受了巨大的损失,经历了难以忘怀的屈辱和精神创伤。痛定思痛,为什么德日法西斯会悍然发动侵略战争?显然,科学技术的发展以及广泛应用使德日等法西斯国家具有了较强的综合国力,他们不甘心老牌帝国主义国家所建立的世界政治经济秩序,妄图通过武力来改变现有国际政治经济格局,中国作为殖民地国家,不可避免地被卷入这场争夺战之中。不甘心做奴隶的中国人民,反抗日本帝国主义的奴役与压迫,与强大的敌人进行斗争,必然要付出惨重的代价。反思过去,应当看到,近代以来,我国封建统治者奉行闭关锁国的腐朽政策,忽视了对西方先进科学技术以及政治经济法律制度的了解与学习,固守封建主义生产方式,而使我国综合国力远远弱于西方列强,最终沦为西方科技强国的殖民地,饱受百年屈辱。而我们的近邻日本,却在明治维新以后,学习西方先进的科学技术以及与此相适应的经济政治法律制度,最终成为亚洲强国,并悍然发动侵略战争,给我国人民造成了巨大的历史灾难。

今天以中国共产党为核心的全国各族人民,牢记"落后就要挨打"的历史教训,确立科教兴国的伟大方略,尊重知识、尊重人才,使我国的综合国力得到空前的发展,中华民族的伟大历史复兴即将实现。解决"数字鸿沟"问题,缩小与西方发达国家之间的差距,加快中华民族伟大历史复兴的步伐,应用网络技术改造传统产业,构建电子政府以服务于经济建设、方便民众生活，充分实现网络技术在自然、社会和人本层面的正向价值，应当是当前及今后很长时期内我国现代化建设事业的一项重要任务。

5.2 阻碍网络技术正向价值实现的主客体因素

5.2.1 阻碍网络技术正向价值实现的客体性因素

5.2.1.1 广泛存在的数字鸿沟问题

网络技术的正向价值实现，对发达国家和发达地区已成为一种现实，而对于包括中国在内的广大发展中国家和不发达地区只是一种技术进步带来的技术正向价值实现的可能性。网络技术的创新与应用在国家之间、地区之间以及社会阶层之间的差距就是数字鸿沟问题，从哲学、政治学上来看，数字鸿沟问题引发了社会阶层、个体之间新的不平等，是引发诸多社会问题的技术根源。数字鸿沟问题反映了不同国家、不同地区和不同社会阶层之间社会信息化水平的高低，而社会信息化水平的高低又直接影响到网络技术正向价值在自然生态、社会政治经济以及人本层面实现的程度。如果一个国家的社会信用化水平较低，那么网络技术在社会经济、政治、文化教育等方面的变革作用就得不到充分的发挥，这个国家的国际竞争力就较低。由于数字鸿沟问题是一个世界性普遍存在的问题，所以引起了包括发达国家在内的世界各国的普遍重视。

数字鸿沟问题无论在发达国家还是发展中国家都普遍存在。在美国，有 60% 以上的网络用户是年收入超过 7.5 万美元的家庭；在英国，高收入家庭接入互联网的比例是 50%，而那些低收入家庭接入互联网的比例只有 3%，经济条件制约着他们成为数字公民。

数字鸿沟问题在我国更为明显，数字鸿沟表现为高收入家庭与低收入家庭之间的差异以及地区差异。绝大多数利用网络技术的家庭都是高收入家庭，而许多低收入家庭没有能力、没有机会去认识和享受现代科技所提供的各种便利，网络技术使信息富人更加富有，而信息穷人更加贫困。据统计，中国网络用户的普及和应用主要发生在城市家庭，城市家庭普及率为农村家庭普及率的 740 倍，农民家庭用户只有 0.8% 接入了互联网。从 WWW 站点和 CN 域名分布可以看出我国网络技术的地区差异。以 WWW 站点的地域分布为例，东部沿海 12 个省市占总数的 81.2%，而广大中西部地区却只占总数的 18.8%；再以 CN 域名（不含 EDU）分布为例，东部沿海省市占域名总数的 83%，中西部地区只占 17%。

数字鸿沟问题在发达国家与发展中国家的差距也是巨大的。据联合国秘书处称，发达国家占全世界人口的比例只有 16%，但上网的人数却占全球的 90%，在世界上最贫穷的撒哈拉以南的非洲地区，只有 0.3% 的人口有机会接触到互联网，曼哈顿的电脑主机比整个非洲所拥有的数量还要多。美国平均每万人电脑拥有量是我国内地的 55 倍，在国民经济信息化投入方面，中美相差 45 倍。国家统计局 2000 年发表的研究成果表明，美国是世界上网络技术应用最为广泛的国家，其后是日本、澳大利亚、加拿大等国，我国在 28 个国家和地区样本中居倒数第二位，如果不加快发展，我国与发达国家之间的差距还可能拉大。

网络技术在自然生态、社会政治经济以及人本层面正向价值的实现程度，离不开网络技术的普及率。越是社会的弱势群体越是需要网络技术的帮助，因为借助网络技术能够更好地提升他们的社会适应能力，使他们更有能力摆脱贫困的束缚。美国哲学家、伦理学家罗尔斯指出社会正义在于实现社会中"最少受惠者的最大利益。"[①] 因此，数字鸿沟问题成为各国政府普遍关注的社会问题。我国是社会主义国家，整个社会的共同富裕是我国的基本国策，更好地解决数字鸿沟问题才能体现社会主义的优越性。

5.2.1.2 社会信息化水平偏低问题

社会信息化水平偏低问题，主要体现在受现有生产力水平所决定的网络技术创新水平与网络技术应用能力低下这两个方面。

网络技术创新能力的缺乏，必然导致一个国家网络技术的相对落

---

① ［美］罗尔斯：《正义论》，中国社会科学出版社 1988 年版，第 10 页。

后，网络技术的相对落后又必然影响到网络技术正向价值的实现。一个国家网络技术创新能力的强弱取决于政府对信息产业的投资力度以及这个国家网络技术人才的创新能力。网络技术创新能力较强的国家都是在信息产业方面投资力度较大的国家。比如，早在 1996 年，美国对信息技术产业的投资就是对其他工业设备投资的 16 倍，约占美国企业固定资本投资总额的 35.7%，占世界同类投资的 40%。据中国社会科学院世界经济与政治研究所副研究员倪月菊介绍，目前美国为保持其网络技术"领头羊"的地位，仍在不断加大对信息技术产业的投入。其他发达国家同样不甘落后，据不完全统计，欧盟成员国目前每年投资信息产业 280 多亿美元，日本每年投资约 250 亿美元，韩国也制定了中期投资发展计划，2004 年投资已达到 4 万亿韩元。可见，这些国家领先的网络技术创新能力，与这些国家大笔的网络基础建设资金以及研发资金的投入是正相关的。由于历史的原因，我国经济技术实力相对落后，较之上述发达国家，我国信息产业的投资力度相对薄弱，导致我国网络技术创新能力严重不足，受国外技术控制严重。目前国内支持网络技术发展的开发和制造技术基础薄弱，所用的大部分设备和技术都是从发达国家进口的。我国具有自主知识产权的技术及产品少，尤其是核心技术掌握在他人的手中，高、精、尖技术在很大程度上依赖发达国家的技术基础和技术支持。目前构成中国信息基础设施的网络、关键芯片、系统软件、支撑软件等主要由国外的设备和核心技术所垄断，一些重大技术项目的实施还有赖于国外公司的参与才能进行。例如，作为互联网主要设备的服务器、路由器等绝大部分要依赖进口，而美国思科公司、IBM 等占有绝对优势和较大的市场份额。据统计：互联网发展到今天已有 30 余年了，出现了 3180 个技术标准文档（RFC），中国只有一个；万维网发展到今天 10 余载出现了 46 个技术标准，中国一个也没有，而这些主要是由发达国家参与制定的。所以，要使网络技术的正向价值在我国得到充分的实现，增强我国的国际竞争力，一方面要加强对信息产业基础建设资金和创新资金的投入，另一方面就是在资金投入不足的前提下提高网络技术创新人才的创新能力，争取以较小的资金投入取得较大的创新成果。

网络技术正向价值实现的程度与网络技术的应用率，即社会公众的上网率成正相关。上网率低，网络经济缺乏广大的消费群体，网络技术的经济变革作用难以体现出来；上网率低，网络政治由于缺乏公众的参与，政府职能的转变、组织机构和决策机制的变革就缺乏来自公众的推动力；上网率低，网络技术在提高人们认识能力、完善伦理价值观念、提升审美意识、塑造健全人格等方面也难以发挥作用。社会公众上网率低，一方面原因在于数字鸿沟问题，另一方面原因则在于网络技术应用能力的缺乏。在我国，公众的网络技术知识普遍欠缺，运用信息工具的平均水平很低，在一些落后地区人们没有机会接触信息知识和设备，对此甚至一无所知。现在我国有能力上网的人不到总人口的8%，上网人口也大多集中在城市，占总人口约70%的广大农民，只占网络用户的0.8%。经过1998年的机构改革，国务院近1.7万名公务员虽然有65%以上的人具有大学本科学历，但在地方政府，则相对较低，近500万公务员拥有本科学历的仅占10%。即使一些学历较高的公务员，计算机操作方面的技能仍较欠缺。据国家行政学院对司局长培训班的一项调查，大体有20%的公务员计算机操作几乎处于空白状态。作为社会管理者的公务员，他们的学历水平和计算机应用能力尚且如此，何况广大的社会公众呢？可见，我国社会公众上网率低，网络技术的应用率低，是制约网络技术正向价值实现的主要原因之一。

5.2.2 阻碍网络技术正向价值实现的主体性因素

阻碍网络技术正向价值实现的主体方面因素，主要有：传统政府管理体制对网络技术正向价值实现的阻碍作用，网络立法的相对滞后性难以适应网络技术正向价值充分实现的要求。

5.2.2.1 传统政府管理体制对网络技术正向价值实现的阻碍

网络技术正向价值的充分实现有赖于传统管理观念和管理体制的变革，旧的管理体制将妨碍网络技术正向价值的充分实现。电动机发明之后，由于旧的工厂管理体制难以适应其要求，使电动机所蕴涵的强大生产力难以发挥，后来人们调整旧的工厂管理模式，建立了新的工厂管理体制以后，电动机中蕴藏的强大生产力就如潮水一般迸发出来，迎来了人类历史上一次新的技术革命。今天，网络技术所蕴藏的强大生产力也遇到了类似的阻碍。马克思主义哲学原理告诉我们，先进生产力所引起的经济基础领域的巨大变革，往往受到旧的上层建筑的阻碍。传统的管理体制作为旧的上层建筑的主要组成部分，是导致网络技术正向价值不能得到充分实现的主体性因素之一。

　　网络技术在自然生态、社会和人本层面可能带来的正向价值实现已经被人们所认识，而且也正在由可能变为现实，同时，传统落后的管理体制对网络技术正向价值实现的阻碍作用也愈加明显。政府、军队、企业、事业单位以及社会团体之中，传统的管理体制所体现出来的民主的有限性所导致的组织与决策机制、管理服务理念与水平、管理组织结构，都不能使网络技术正向价值得到充分实现。由于网络技术、网络经济以及电子政务的发展，基本上依靠政府的扶持，所以，传统的政府管理体制是阻碍网络技术正向价值充分实现的最主要的主体性因素。下面，分别阐述一下传统政府的组织与决策机制、管理服务理念与水平和组织结构对网络技术正向价值实现的阻碍。

　　（1）传统政府的组织与决策机制对网络技术正向价值实现的阻碍

　　传统政府的组织与决策机制一般是通过代议民主制选举决策和管理人员，并由他们代表组织体的其他成员履行决策、管理、监督、服务等职责。本来，民主就是一种"有限的民主"，[①] 代议民主制更加剧了民主的有限性。有学者指出，政府可能打着"多数人的统治（利益或意见）"，而假借民主之名而行专制之实，侵犯民众的合法权益。选民选出代表以后，代表就可能脱离选民的影响，而去处理事先不能预测的一些事情。如果没有设立临时授权的机制，那么代表对未经授权事件的处理就可能损害选民的利益。[②] 这表明，代议民主制所产生的组织与决策机制可能导致权力异化，网络技术可能被披着民主外衣的专制政府所利用。因为，专制政府通过对有价值的信息资源的管控、公民网上言行的监控、并通过各种不正当手段操纵舆论以及选举，就完

---

　　① 严小庆："透视网络民主的有限性"，《长白学刊》，2002 年第 2 期，第 18～21 页。
　　② Graham G：The Internet：*A Philosophical Inquiry*，London：Routledge. 1999. 63～64.

全可以在民主外衣的掩护下，推行其集权政治，使广大公众的利益遭受损害。此外，还有学者预言，网络技术的产生及其在各国、各地区被不均衡地使用，也会产生新的不平等，技术精英的集权统治时代已经到来。① 技术精英凭借其网络技术方面的优势，可能窃取公共权力为己所用，也可能在公共权力系统之外形成一股新的力量与政府抗衡。因此，如何规范技术精英所拥有的技术权力，使它成为真正体现广大公众利益的民主政府用来为广大公众服务的技术权力，给网络时代的民主以及由此所决定的组织与决策机制提出了新的课题。

（2）传统政府管理服务理念与水平对网络技术正向价值实现的阻碍

传统政府是"大管理小服务"的政府，政府过多地强调其管理的职能，而忽视其服务的职能。应用网络技术所营造的网络虚拟现实是人类认识与实践的新领域，传统政府的一些管理与服务项目可以通过网络办理，比如：企业注册登记、企业与公民的纳税、办理各种保险、申请国家专利和注册商标都可以在网络虚拟现实办事程序中得以实现。随着网络技术的发展与应用，"一站式"快捷方便的政府服务模式将大量涌现，与此相适应的新的"小管理大服务"政府管理服务理念以及公众对政府管理服务水平的不断要求以及政府的尽力实现的动态运行模式，就是一些学者所倡导的现代政府。② 但是，传统的管理服务体制以及与此相适应的办事程序所提供的岗位以及与此相应的权力，如果被网络虚拟现实办事程序所取代的话，会涉及一些部门和个人的利益，因此，会遭到他们的抵制，这就显现了传统管理体制对网络技术正向价值实现的阻碍。在我国，这种阻碍体现在电子政务建设中，不是应用网络技术来改造传统政府，而是让计算机和网络来适应传统政府的要求，使计算机设备成为高级打字工具，或者成为一种摆设；把电子政务等同于政府上网，以为把政府的一些政策、法规、规章搬上网络

---

① 赵晓红、安维复："网络社会：一种共享的交往模式"，《自然辩证法研究》，2003年第10期，第60～63页。

② 于风荣、王丽："电子政府与现代政府之比较"，《中国行政管理》，2001年第11期，第17～18页。

就万事大吉，没有把传统的管理服务工作与网络技术有机结合起来，为企业、社会团体和公众提供全方位的服务。在一些部门，电子政务成为一些人捞取政绩的一种形象工程。

（3）传统政府的组织结构对网络技术正向价值实现的阻碍

传统政府的组织结构以金字塔式为主，上级的决定、政策通过层层传达，在基层得以落实。这种金字塔式的管理模式，通过上级对下级的领导与监督机制，可以保证政策、法律的有效实施，但是也有以下缺点：①由于中间管理环节过多，管理部门机构臃肿、人浮于事，增加了管理的成本，国家财政负担沉重，使得人民生活水平难以快速提高。②由于做出决策的上层管理者与底层民众沟通渠道不畅通，决策的民主性不高，决策失误的可能性较大，一旦决策失误，会给社会造成巨大的损失。此外，由于传统文件的传达方式，下级往往会误解上级的指示精神，而使好的政策在贯彻过程中发生变形；而且，也容易出现上有政策下有对策的情况，例如，一项好的政策本来可以利民，但在中间管理层以及基层的贯彻落实过程中发生害民的事件时有发生。③这种金字塔式的等级制组织形式，易于出现政府管理服务职能异化的现象，即政府部门管理社会的权力本是公众赋予管理部门来管理公共事务以服务于公众的，现在却成为束缚公众手脚，侵害公众利益的一种异己力量。公职人员本是社会的公仆，而在现实中的某些情况下却成为公众的主人，在管理与服务的过程中野蛮执法、吃拿卡要、欺压百姓的事件屡有发生。

5.2.2.2　网络立法的相对滞后性难以适应网络技术正向价值实现的要求

网络技术在社会各领域中的广泛应用，产生了许多新的社会关系需要法律调整，而现有网络立法相对滞后，无法满足社会公众的需求，体现出上层建筑对经济基础发展要求的相对滞后性，这也是阻碍网络技术正向价值实现的一个主体性因素。

在网络技术的生态价值层面，网络技术的快速发展及其广泛应用，使电子信息产品的数量越来越多，同时电子信息产品报废所带来环境污染问题也越来越严重。发达国家纷纷立法来解决电子信息产品的污染问题，例如，2003 年欧盟通过了两项有关电子垃圾的立法，《报废电子电气设备指令》（WEEE）和《关于在电子电气设备中禁止使用某些有害物质指令》（ROHS），要求各成员国于 2004 年 8 月 13 日前将上述两个法规纳入到本国法律体系之中。发达国家的这些立法，符合可持续发展的要求，但也给我国电子信息产品的出口提出了挑战，因为环保方面的立法会增加我国电子信息产品进入发达国家市场的成本，也会使一部分达不到环保要求的电子信息产品的出口遭遇绿色壁垒。制定调整电子信息产品的生产者、销售者利益与公众利益相平衡的电子信息产品污染防治方面的法律法规，一方面有利于公众环境权利的维护，另一方面也有助于提高我国环保型电子信息产品的国际竞争力。

在网络技术的社会价值层面，网络技术在经济和政治领域的应用产生了许多新的社会关系需要法律进行调整。在网络经济领域，无论是平等主体之间发生的社会关系还是政府管理网络经济的纵向社会关系，都急需网络立法予以调整。网络电子商务经营者的法律责任，域名权利的界定，网络作品权利人的权利及其限制，电子合同的效力，网络不当竞争等，体现为平等主体之间发生的社会关系；网络广告的管理，网络电子商务税收监管，网络电子商务垄断的管理，体现为政府管理网络经济所产生的纵向社会关系。这些社会关系需要制定网络电子商务方面的法律法规予以调整。在网络政治领域，网络基础设施建设和全社会信息化水平的提升，利用网络技术推进广泛民主，网络电子政务信息安全，涉及利用网络技术变革政府职能所产生的社会关系，是网络电子政务立法的新课题。

在网络技术的人本价值层面，网络隐私权能否得到保障是电子商务和电子政务发展的重要因素，网络消费者权益能否得到保护是网络经济能否快速发展的关键因素，网络赌博、网络色情和导致青少年沉迷的网络游戏也严重阻碍了网络技术正向价值的实现。因此，加快制定和完善保护网络隐私权，网络消费者权益方面的法律法规是十分必要的。

5.3　网络技术正向价值实现的主客体对策

5.3.1　网络技术正向价值实现的客体性对策

5.3.1.1　加强网络基础设施建设以应对"数字鸿沟"问题

网络技术正向价值的实现依赖于网络基础设施的完备，网络基础设施的建设耗资巨大，政府在网络基础设施的建设方面具有举足轻重的作用，各国政府都制定了本国网络基础设施建设的远景规划。美国自1993年提出"信息高速公路"建设以来，提出到2015年前，将电缆铺设到所有家庭。欧盟在1995年~1998年期间，为信息技术提供了一项23.5亿美元的科研经费，并计划在未来10年投资9000亿法郎发展欧洲信息高速公路。1993年，日本政府和民间企业同心协力，筹建了日本式的信息高速公路，并计划2010年在全国实现光缆网。在南美洲，巴西、阿根廷、巴拉圭等发展中国家，光纤电缆传输网络的铺设工作正紧张进行，以适应开发信息高速公路的需要。

为了缩小与发达国家和网络技术快速发展的发展中国家的"数字鸿沟"，我国要加大网络基础设施建设的力度和广度，把网络基础设施的建设作为国家行为来对待，在网络基础设施建设方面采取如下措施：一是大力推动企业信息化进程，搞好信息网络的建设。要加快网络体系的建设和推广，大力发展高速宽带网，重点建设宽带接入网，适时建设第三代移动通信网；同时把有线电视网作为最有发展前途的宽带接入网，实现计算机网、有线电视网及电信网"三网合一"。二是提高网络的利用率，进一步提高电话普及率、有线电视普及率和上网普及率。三是进一步加快骨干网建设，加快建立全国和地区互联网络交换中心，努力扩大覆盖面，并重点扩大各互联网国际出入口带宽，加大接入网建设力度。

"数字鸿沟"存在于发达国家与我国这样的发展中国家之间，我国发达地区与落后地区之间。因而，一方面，我国与各发展中国家应当在国际会议上要求发达国家对发展中国家在网络技术的推广与应用方面提供援助，在消除地区经济发展不平衡的基础上，共同推动全球经济的发展；另一方面，依据全面、协调、可持续的科学发展观的要求，我国东部发达地区要支援西部落后地区，在信息技术基础设施建设方面，为西部地区在资金、设备、人才等方面提供大力支持，以消除地区发展方面的不平衡。针对我国地区经济发展不平衡所导致的网络基础设施建设不平衡的问题，应当综合考虑当地经济发展水平、人文环境、教育基础等因素采取"有用、适用和好用"的原则来开展网络基础设施建设。具体来说，就是在经济不发达的地区，譬如西部地区，可以按照"有用"的原则来开展网络基础设施建设，不去追求设施的高档次；在经济发展一般的地区，譬如中部地区，可以按照"适用"的原则开展网络基础设施建设；在经济较发达地区，譬如东部沿海地区，可以按照"好用"的原则发展网络基础设施建设，在设备配置方面可以先行一步，也可以在设备普及方面先进一步。

在网络基础设施建设方面，发达国家重视制定统一的规划和技术标准，以减少在社会信息化过程中重复建设、盲目建设和"信息孤岛"现象的发生。例如，美国制定并颁布了《美国国家基础设施行动计划》，欧盟制定了《信息社会行动纲领》，加拿大由工业部长提出了一份有关发展信息高速公路的战略框架。从总体上来看，我国网络基础设施建设缺乏统一规划，各级地方政府和部门各自为政，采用不同的标准，造成重复建设和一个个"信息孤岛"，资源浪费和地区、部门分割现象十分严重。因此，有必要应用政策和法律法规制定统一的规划和技术标准，在中央和地方建立统一的指挥与协调部门，充分利用网络资源，统一技术标准，建立起经济适用的各级网络基础设施。当前，我国网络基础设施建设的指导原则应当是"以需求为导向，以应用促发展，统一规划，协同发展，资源共享，安全保密"；主要的建设项目有，"政府内网"和"政府外网"两个基础设施平台，"十二金工程"，包括人口库、法人库、自然资源和空间地域库、宏观经济库在内的四个基本数据库；建设标准包括技术标准和管理标准，在国家标准化管理委员会和国务院信息化办公室统一领导下，由相关部门制定并保证实施。

5.3.1.2　提高整个社会的信息化水平

要提高整个社会的信息化水平，提高整个社会的网络技术创新水平和网络技术应用能力是关键。

（1）提高整个社会的网络技术创新水平

从国际层面来看，政府在金融、财税、对外贸易政策等方面的扶持，以及政府在网络技术人才培养和使用方面的优惠政策，是一些国家网络技术创新水平取得领先地位的成功经验。

风险投资为网络技术创新水平的提升提供了强大的金融支撑，例如，美国 1999 年风险资本投资增加了 1 倍，其中 66% 投向了与互联网有关的公司，达 319 亿美元；此外，新加坡骄人的网络技术发展现状也离不开风险投资。政府优惠的税收政策也有助于网络产业的发展，例如，1998 年，美国政府对电子商务提出了免税方案，欧盟不准备对电子商务活动增加新的税种，但也不希望为电子商务免除现有的税赋。一些国家的政府还通过优惠的对外贸易政策来促进网络技术的创新，例如，新加坡、印度政府都取消外资投向信息产业的限制，开放电信市场。印度允许外商控股 75% ~ 100%，致使世界上许多著名的信息技术公司，如微软、英特尔、IBM、西门子、惠普等都在印度设有研发中心和生产基地。

网络技术创新离不开高素质的网络技术人才的创新能力，作为发展中国家的新加坡和印度在这方面的许多先进经验值得我国借鉴。新加坡十分注重教育，教育目标在于培养具有高素质、创新能力的人才；在教育机构上，吸引外国名校在本国设立分校；在教学方法上，注重培养学生的创新精神。新加坡良好的教育环境，孕育了大量高素质的网络技术创新人才。印度教育产业规模占到 GDP 的 4.7%，高出中国 1 倍多。印度很多的网络技术人才普遍英语优秀，创业能力强，在美国的信息产业领域中占有相当的比例。印度出台了许多优惠政策吸引海外科技人员回国创业，一些网络技术人才将国外先进的科技和管理经验带回印度，大大提升了印度网络技术的创新水平。

借鉴国外先进的经验，受温家宝总理《关于制定国民经济和社会发展的十一个五年规划建议的说明》相关内容的启发，笔者认为，提升我国网络技术的创新水平，应当做好以下几方面的工作：第一，建立以企业为主体、市场为导向、产学研相结合的网络技术创新体系。第二，政府应当在金融、财税、对外贸易以及政府采购等方面，为网络技术创新提供优惠的政策支持。以政府采购为例，政府要出台有利于国内信息产业发展的政府采购政策，拉动国内信息产业的快速发展，增加自主知识产权的比例，在设备制造、软件、系统集成和服务等领域培育一批具有国际竞争力的企业集团。第三，充分利用全球网络技术支援，引进国外先进技术，积极参与全球网络技术的交流与合作。第四，加强知识产权保护，为网络技术的发展提供良好的法制环境。第五，加强网络技术咨询、网络技术转让等中介服务。第六，深入实施科教兴国战略和人才强国战略，加大对网络技术人才的教育和培训方面的投入，为网络技术人才提供优惠的创业和生活环境，出台优惠政策吸引海外留学人员归国创业。

（2）提高整个社会的网络技术应用能力

针对"数字鸿沟"所导致的社会公众上网率低的问题，各国都努力采取积极的应对措施。比如，英国针对相当数量的家庭不能使用互联网而给网络经济和网络政治设置的巨大障碍，制定了在五年内使"每个英国家庭都能上网"的计划；为了克服"数字鸿沟"对社会发展带来的阻碍，意大利的博格纳市向所有的居民提供免费上网和电子邮箱，加拿大和新加坡向低收入家庭提供购买计算机的补助。我国是社会主义国家，满足全体社会成员的物质精神需要是党和国家的根本工作任务，借鉴发达国家的有关经验，网络建设也应大力开展村村通工程，在每个基层组织都要设立免费上网的网络技术设施，使互联网连接我国的千家万户，使每个公民都能通过网络了解与他们基本生存相关的各类信息，比如就业、基本社会保险、教育、自然灾害、疫病等方面的信息。使人们普遍认识到，通过互联网了解基本生存方面的各类信息是一项基本的人权。

针对网络技术应用能力缺乏所导致的社会公众上网率低的问题，开展网络技术培训是当然的解决办法。笔者认为，采取以下几种网络技术培训办法是十分有效的。第一，通过网络教育开展网络技术培训。

网络教学突破了传统教育的时空限制，为教育的普及和素质教育的开展提供了崭新的技术手段，① 此外，网络教育还有优秀师资共享、学习成本低等优点，为网络技术的普及提供了有效的技术手段。国家要逐步实现全民网络教育，加强信息化人才培养，在大中小学开展不同程度的网络技术教育，普及信息化知识和技能，并出资重点扶持贫困地区中小学开展网络技术教育。第二，在广播、电视和报纸期刊等传统媒体上开辟网络技术培训课程和专栏，也是成本低、普及率高、见效快的好办法。第三，开展各种形式的在职人员培训，使公务员和企业事业单位职工接受不同程度的网络技术培训，为电子政务和电子商务的开展打下人才基础。值得注意的是，网络技术培训现在也成了一种产业，据塞迪顾问调查，2001 年网络技术培训具有 1.85 亿元的市场规模，占到 IT 培训市场的 33.1%，位于各项 IT 培训之首。

5.3.2 网络技术正向价值实现的主体性对策

5.3.2.1 改革传统政府管理体制促进网络技术正向价值的实现

针对传统政府的组织与决策机制、管理服务理念与水平、组织结构对网络技术正向价值实现的阻碍，采取相应的对策，使网络技术正向价值实现最大化。

（1）应用网络技术变革传统政府的组织与决策机制

网络技术为克服民主的有限性，实现民主的广泛性提供了强有力的技术保障。但是，受传统观念和落后的政治体制的束缚，广泛民主及其所产生的政府组织和决策机制难以为广大公众所享用。为此，有必要充分认识广泛民主的重要意义以及网络时代落实广泛民主的急迫性与必要性，并寻求实现广泛民主与改善传统政府的组织和决策机制的相关对策。

广泛民主的重要意义在于：广泛民主可以使由选民选举并监督真正为公众服务的决策者和管理者的选举制度变成现实，这样就可以消解网络技术时代政府和网络技术精英可能带给公众的技术异化和权力

① 袁道之、白莉：《网络席卷全球的风暴》，经济出版社 1997 年版，第 184 页。

异化。广泛民主也是建立"小管理、大服务"模式现代政府和实现管理组织结构扁平化的前提条件。因为，没有广泛的民主基础，就不会有与此相适应的现代管理与服务理念以及管理与服务组织结构体系。

网络技术为广泛民主提供了可能，而对"一味强调集权统治的政府有被颠覆的可能性"。① 这是因为：其一，由于网络技术具有非中心性、虚拟性、平等性等特点，任何一个国家的政府都不能十分有效地对网络加以管制。其二，基于网民共同兴趣而建立起来的网络虚拟社区大量涌现，其中包括网上政治团体，网上政治团体可以跨越国境，使国家基于领土主权而实施的管理被弱化，许多网上政治团体作为"在野党"对于现行执政党的政策进行评论、攻击，发展自己的党员，扩大自己的影响。因而，网络技术对传统政府有一种瓦解的力量，政府必须顺应网络技术这一变革社会的力量，认识到转变政府职能的急迫性与必要性。其三，网络技术精英也成为一个对传统政府解构的力量，广大民众完全可以借助网络技术精英的力量来颠覆集权政府。因此，传统政府必须推行广泛民主以服务于广大民众，才能在网络技术时代的政治市场上立于不败之地。我国的国体和政体决定了我国是一个人民民主国家，但是几千年来的封建专制统治传统、计划经济所形成的旧的管理体制，以及网络技术发展与应用的相对落后，使广大人民群众依据宪法所享有的广泛民主权利未能得到充分落实。现在，许多国家的政府都纷纷改革传统管理理念、改善传统管理体制，优化本国投资创业环境，增强综合国力，这对入世后的我国形成了巨大的竞争压力。所以，充分利用网络技术给民主政治提供的可能性，大力落实公民广泛的民主权利，调整落后的决策与管理组织机制，是十分必要的。

笔者认为，以下措施有利于推进广泛民主以变革传统的政府组织与决策机制。第一，伴随上网率的逐步提高，逐步用直接选举制取代间接选举制，使更多的决策者与管理者都是通过基层选民的普选而产生的。第二，应用网络技术的交互性、易检索性和无中心性对候选人

---

① 严小庆："透视网络民主的有限性"，《长白学刊》，2002 年第 2 期，第 18~21 页。

作充分的介绍，尽量避免随意、盲从，缺乏理性的参选，尽量避免缺乏参政议政能力的候选人当选。第三，根据委托—代理理论，委托人与代理人之间的信息不对称，是委托人难以对代理人实行有效监督的根本原因。现在，可以借助网络交互平台，使当选的决策者和管理者能够随时接受选民的咨询与监督。对于涉及选民利益的重大事项，可以设立专门的网上论坛，使决策者与管理者在充分听取选民和专业人士的意见后再行使选民赋予的权力。第四，上级组织部门应当将推荐的候选人人选在传统媒体和网络媒体上公示，将群众满意的人选推荐给权力机关，并尽量少干预选举活动。

（2）应用网络技术构建"小管理大服务"型政府

近 20 年来，发达国家在社会压力、财政压力以及经济全球化压力下，普遍进行了大规模的政府改革运动。美国学者戴维·奥斯本和特德·盖博认为，政府改革运动就是用企业为客户服务的理念来重塑政府，建立"服务更好的政府"。① 网络技术的产生与发展为发达国家实施政府改革运动提供了技术保障，这些国家都十分重视应用网络技术改善传统的公共服务，并根据公众的需求不断完善公共服务质量。比如，美国把发展整合性的网络信息服务作为重点，并提出，要按照民众的方便组织政府信息的提供，以帮助公民"一站式"访问现有的政府信息和服务。并提出要建立全国性的电子福利支付系统，发展整合性的电子化信息服务以及跨政府部门的申请与纳税处理系统和电子邮递系统等。英国提出在增进政府机制的效率和有效性的同时，建立起政府的信息服务中心，提供单一窗口式服务，发展数字签章、认证、数码电视等。法国提出要开放政府信息，通过网络为社会提供各种窗口式服务。

20 世纪 70 年代末，中国政府实行了对内改革、对外开放的政策，不断调整政府职能。与计划经济时期相比，政府职能已经发生了很大的变化。但是，由于中国实行的渐进式改革与开放的战略，各部门改革的进程是不同步的，总体而言，存在着三个"滞后"：一是国内体制

---

① ［美］戴维·奥斯本等：《改革政府——企业精神如何改革着公营部门》，上海译文出版社 1996 年版，第 84 页。

改革滞后于对外开放；二是政府管理体制改革滞后于经济体制改革的总体进展；三是政府职能的转变滞后于政府机构改革。① 为了适应对外开放、经济体制改革的总体进展以及政府机构改革的需要，我国应当借鉴发达国家的先进经验，应用网络技术构建"小管理大服务"型政府。具体来说，我国的网络信息服务建设大体分为四个层次。第一个层次是网络基础设施建设；第二个层次是政府内部网络建设，实现政府部门间信息的交流与共享，这两个层次是构建服务型政府的基础性工作。第三个层次是企业级政府外网，提高企业与政府沟通和办公的效率，降低企业和政府运营的成本，提高政府的工作效率和企业的经济效益，同时转换传统政府与企业之间的角色错位，政府由"管理者"变为"服务者"，企业由"被管理者"变成"客户"。网络信息服务的最高层次是面向所有公民的政府外网，它可使全国所有公民都在政府门户网站上找到满足自己需求的公共服务窗口，办理诸如出生证明、医疗保险、出国签证等个性化服务，享受"单一窗口"和"一站到底"的公共服务。

（3）应用网络技术实现政府组织结构创新

网络技术为传统金字塔型的政府组织结构向现代扁平化的政府组织结构转变提供了技术支持，高层次的决策者可以与基层执行者直接联系，当然也给政府的组织结构创新提供了新的契机。

为了满足公众的需求，增强企业的国际竞争力，优化投资与创业环境，发达国家政府都纷纷采取扁平化的组织结构，提高政府的公共服务能力。我国入世以后，必然面临来自发达国家的强大的国际竞争压力，因此，必须突破政府改革的各种阻力，实现政府组织结构的扁平化，优化政府的管理与服务能力，才能在激烈的国际竞争环境中立于不败之地。首先，精简中间层次的管理机构和管理人员，通过国家提供培训经费，使他们转化为上层的决策者或基层的执行者，或者从事其他适合他们的职业。其次，网络交互平台可以畅通上层决策者、管理者与接受管理和服务的公众的沟通渠道，使基层直接进行具体管

---

① 隆国强："中国政府职能转变的任务尤为艰巨"，《国研分析》，2002 年第 6 期，第 30 页。

理服务职能的工作人员的业绩表现能够被相关公众反映到上级的决策者和管理者那里，使基层工作人员受到及时的监督。第三，通过网上信访、网上监察、网上仲裁、网上司法等网络监督体系，使各个层次的决策者和管理者接受来自各方面的监督，当然上述这些监督部门应当互通信息，避免案件管辖权的冲突。目前，一些省市已经在行政审批等办事程序中设立了网络监察系统，使行政人员将压力变为动力，提高了办事质量和效率，使公众切实感受到网络技术带来的政府服务水平的优化。

5.3.2.2　加快网络立法步伐促进网络技术正向价值的实现

网络立法主要包括：关于网络技术生态价值层面的立法，关于网络技术社会价值层面的立法，关于网络技术人本价值层面的立法。

关于网络技术生态价值层面的立法，主要是指预防和减少电子信息产品污染环境方面的立法。开发利用环境友好型的电子信息产品已经成为一种必然趋势，各国都相继运用法律措施鼓励开发无污染或低污染的电子信息产品，提高电子信息产品的回收利用率，禁止电子信息产品中有毒有害物质的使用。我国也积极应对发达国家绿色壁垒的挑战，努力提高我国环境友好型电子信息产品的国际竞争力，制定了《电子信息产品污染防治管理办法》（简称《管理办法》），并于2005年1月1日起实施。《管理办法》鼓励、支持电子信息产品污染防治的科学研究、技术开发和国际合作，表彰和奖励在电子信息产品污染防治工作以及相关活动中做出显著成绩的单位和个人，对积极开发、研制新型环保电子信息产品的单位给予相应的生产发展基金支持，《管理办法》还规定了电子信息产品生产者承担其产品废弃后的回收、处理、再利用的义务，电子信息产品的销售者严格进货制度的义务。《管理办法》的实施，有力地保障了网络技术生态层面正向价值的实现。

关于网络技术社会价值层面的立法，主要是指电子商务和电子政务方面的立法。电子商务立法的特点是：国际立法先于各国国内立法，发达国家在电子商务国际立法中居主导地位，立法重点在于使过去制定的法律具有适用性。在国际层面比较有影响的电子商务立法有：联合国国际贸易法委员会的《电子商务示范法》，国际经济合作与发展组织（OECD）《全球化电子商务行动计划》，美国《全球电子商务纲要》，欧盟的三个电子商务文件（《关于电子商务的欧洲建议》、《欧盟电子签字法律框架指南》、《欧盟隐私保护指令》）。在电子商务领域的及时立法，对电子商务的发展会起到令世人瞩目的发展速度，比如，印度的《信息技术法案》和新加坡的《电子交易法》，使这两个发展中国家的网络经济位于发展中国家的前列。我国电子商务方面的专门法律较少，除《数字签名法》外，在个别法律，如《著作权法》、《合同法》、《刑法》中有一些电子商务法律规范，此外，多以行政法规、部门规章为主。借鉴国外先进的立法经验，我国应当参照联合国国际贸易法委员会的《电子商务示范法》，制定我国的《电子商务法》，针对电子商务法律关系，作出原则性的规定，再制定具体的法律法规，将《电子商务法》中原则性的规定具体化。首先适用现行法律；基本能适用的，在行政法规和司法解释中作出适合电子商务的有关规定；无法适用的，修改完善现行法律。在调整平等主体之间法律关系方面，修改现有的企业法，界定电子商务经营者的法律地位；可以完善《著作权法》，明确规定网络作品权利人的权利限制制度；修改《商标法》或单独立法，规定域名权利人的权利；修改完善《反不正当竞争法》，规定网络不正当竞争行为及其应承担的法律责任。在调整政府监管市场的纵向法律关系方面，修改完善《公司法》《广告法》、《价格法》、《银行支付办法》、各种税收单行法等法律法规，制定《反垄断法》等法律法规，规范网络电子商务经营者、网络广告、网上商品价格、网络银行支付、网络税收等方面的经济关系。在电子政务立法方面，应当制定《政府信息公开法》，推进广泛民主的历史进程；制定《电子政务促进法》，推动我国网络基础设施建设和全社会信息化水平的发展；制定《信息安全法》、《电子证据法》，《电子政务程序规则》，为网上许可、网上审批等具体行政行为提供良好的法律环境。

关于网络技术人本价值层面的立法，笔者认为，应当借鉴欧盟的立法规制模式，制定《网络隐私权法》，同时，借鉴美国业界自律保护模式，保护社会公众的网络隐私权，为网络经济和网络政治的发展确立"以人为本"的发展理念。网络经济的发展离不开消费者对网上消费模式的认可，所以完善《消费者权益保护法》势在必行。对于阻碍网络技术人本层面正向价值实现的网络赌博、网络色情和导致青少年沉迷的网络游戏，应当制定单行刑法，国务院制定相关的行政法规，或者由最高法院出台相关的司法解释，追究有关责任人的民事责任、行政责任和刑事责任，使网络技术的应用符合社会秩序和社会公益的要求，使每个人都能生活在法律所营造的和谐社会之中。

第6章 网络技术负向价值的消解

从第 2 章的相关内容（见第 2 章第 4 节第 5 目）可以推知，网络技术负向价值的消解，是指网络技术负向价值的尽力消减与协调解决。伴随网络技术正向价值的实现，肯定会有网络技术负向价值的实现，这就是"尽力消减"的含义。网络技术负向价值的消解，就是在追求网络技术正向价值实现的同时，兼顾网络技术负向价值的实现问题，尽量达到一个最理想化的状态，即网络技术正向价值实现的最大化与网络技术负向价值实现的最小化，这就是"协调解决"的含义。所以，在采取具体的网络技术负向价值消解方法之时，必须遵循的一个原则就是：协调网络技术正向价值的充分实现和负向价值的尽力消解原则。网络技术负向价值的"消解"，不是彻底的、完全的消解，而是适度的消解，消解所要追求的最理想化状态，就是网络技术正向价值实现的最大化与网络技术负向价值实现的最小化。

总结第 3 章关于网络技术负向价值的表象，大体可以将网络技术负向价值分为由于"数字鸿沟"问题所引发的负向价值和由于网络安全问题所引发的负向价值这两大关键性问题。"数字鸿沟"问题在网络技术应用的自然生态层面表现为发达国家将电子污染企业和电子污染物向广大发展中国家的输出；在网络技术应用的社会层面表现为各类主体（主要指国家、地区、部门、单位和个人）由于网络基础设施的拥有量和创新、应用能力上的不平衡所导致的贫富分化以及由此所造成的各种社会问题；在网络技术应用的人本层面表现为网络文化帝国主义、网络虚拟时空的等级秩序给人的认识能力、伦理观念、审美意识和身心健康造成的负面影响。网络安全问题在网络技术应用的自然生态层面表现为信息化战争给贫弱国家造成的生态灾难，它实际上也是网络技术社会价值负效应在生态领域中的一种体现；在网络技术应用的社会层面表现为网络电子商务和网络电子政务建设中的网络安全、信息安全问题；在网络技术应用的人本层面表现为有害信息、过量信息、垃圾信息给人的认识能力、伦理观念、审美意识和身体健康造成的危害。"数字鸿沟"问题的分析与解决，实质上是探讨网络技术正向（和负向）价值向更高发展阶段的实现问题，这一问题在第 5 章已有论述，所以，如何消解以网络安全问题为主要表现的网络技术负向价值，就成为本章重点探讨的问题了。

这一章，首先，概述网络技术负向价值的消解方法以及这些消解方法能够有效发挥作用的内外部环境。之后，探讨综合运用技术、法律和伦理等方法如何消解网络技术负向价值的问题以及这些消解方法之间的关系问题。

6.1　网络技术负向价值消解概论

6.1.1　网络技术负向价值消解方法概述

针对引起网络技术负向价值产生的主客体性原因，采取相应的消解方法。从主体认识能力的角度来看，网络技术负向价值可以分为可预见的网络技术负向价值和不可预见的网络技术负向价值。笔者认为，不可预见的网络技术负向价值是由于人类认识能力的局限性，对导致网络技术负向价值产生的主客体性原因缺乏认识从而无法采取相应对策所造成的。在主体尚未意识到网络技术负向价值存在之前，无法对其采取消解措施，但是可以通过提高主体的认识与预见能力（网络技术评估），缩短不可预见的网络技术负向价值向可预见的网络技术负向价值转化的历史进程，并尽快采取相应的消解措施。对于可预见的网络技术负向价值，在它产生的主客体性原因中主要有两个，一是，由于网络技术客体的相对独立性，没有无负效应的技术，人们只能尽力消解网络技术的负效应，但不可能根本消除；二是，虽然对网络技术负向价值有所预见，但是由于网络技术主体落后的或者失当的技术价值观而放任了网络技术负向价值的产生。

这样看来，网络技术负向价值的消解途径有三个，一是网络技术评估。二是网络技术负向价值的尽力消解，包括生态、社会和人本三个层面。比如，印度学者 A. 雷迪提出的开发"适用技术"的观点，我国学者陆钟武院士提出的穿越"环境高山"的各种措施，都有助于网络技术生态负价值的消解。三是更新与矫正落后与失当的技术价值观。前两个消解途径针对的是导致网络技术负向价值的客体方面的原因，第三个消解途径针对的是导致网络技术负向价值的主体方面的原因。网络技术负向价值的分类及其消解途径，见图 6－1。

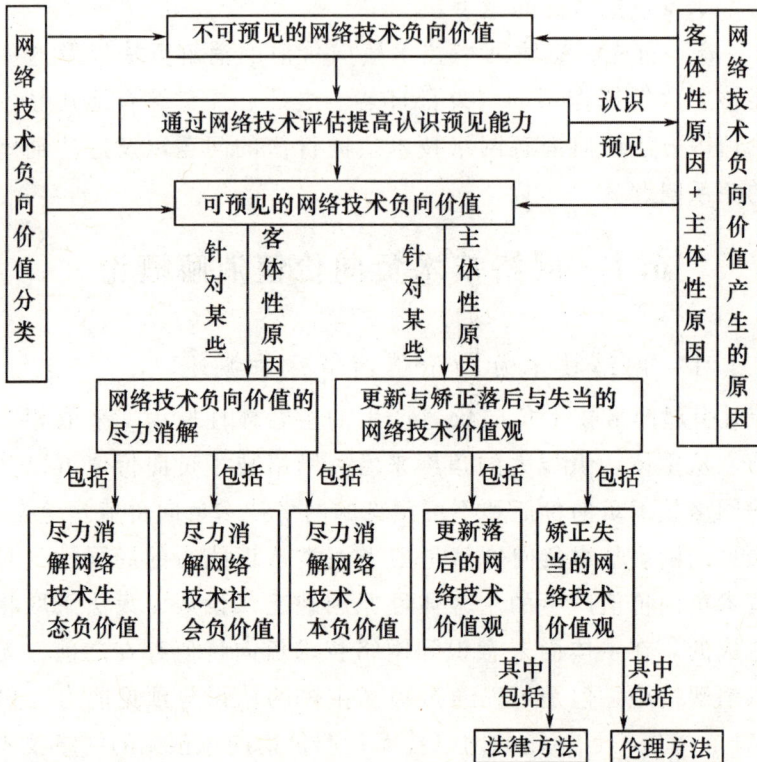

图 6－1　网络技术负向价值的分类及其消解途径

网络技术负向价值的消解是一项系统工程，涉及众多的消解方法，就目前在理论和实践方面的情况来看，综合运用技术、法律和伦理方法是比较受到认可的消解模式，比如，英国技术哲学家格雷厄姆在其著作《互联网——哲学的探索》第六章"管理互联网"这一章中，提出了通过技术、道德和法律来管理网络的观点。① 网络技术评估和开发"适用的网络技术"可以纳入技术方法之中；矫正失当的技术价值观则有赖于法律和伦理方法的适用。

为什么要综合运用技术、法律和伦理方法来消解网络技术的负向价值呢？这是由于这三种方法各有其优缺点，单独哪一种方法都不能完成消解任务。他们既各自独立，无法相互取代；又相辅相成，共同完成网络技术负向价值的消解任务。比如，网络服务提供者（ISP）利用技术手段可以监管上网者发布的信息并协助执法部门追查违法的上网者，但若没有法律法规规定 ISP 有监管和协查的义务，则无法督促 ISP 履行其义务，因而技术手段与法律手段相结合就是十分必要的。又如，利用信息分类软件这一技术方法可以将网上暴力信息进行分类管理，但是网上信息是海量的，分类管理的技术方法的作用是十分有限的；而通过网络教育、舆论监督和网民自律等伦理手段，则可以消减网上暴力信息的危害程度。这表明，技术手段和伦理手段相结合来消解网络技术的负向价值也是十分必要的。至于综合运用法律和伦理方法来消解网络技术的负向价值，则被有的学者称作"依法治网"与"以德治网"相结合的方法。② 对于"依法治网"与"以德治网"的关系，笔者将在下文详细阐述（见第 6 章第 4 节第 1 目第 2 点）。下文在论述适用网络技术负向价值消解方法的内外部环境之后，将分别阐述技术、法律和伦理方法对网络技术负向价值的消解并在这三种方法的衔接处论述这三种方法之间的关系。

6.1.2 适用网络技术负向价值消解方法的内外部环境

网络具有全球性的特点，网络技术的负向价值也具有全球性。比如，网络赌博、网络色情和利用网络从事贩毒活动，都是跨越国界的违法与犯罪行为。各国政府必须协同作战，缔结相应的国际条约和地区间协议，共同应对这类违法与犯罪行为，才能有效地消解这类全球性的网络技术负向价值。各国政府之间达成共识，缔结相应的国际条

---

① Graham G: The Internet: *A Philosophical Inquiry*, London: Routledge. 1999. 103 ~ 128.

② 张碧涌："'依法治网'与'以德治网'"，《光明日报》，2001 年 5 月 23 日。

约和地区间协议，共同应对具有全球性特点的网络技术负向价值，就会给网络技术负向价值消解方法的适用提供良好的外部环境。

由于网络技术是一种战略性公用技术，因而政府在网络技术负向价值的消解方面具有至关重要的作用。各国政府在网络管理方面所采用的模式不同，就形成了适用网络技术负向价值消解方法的不同的内部环境。

各国的网络管理可以分为以下三种模式：第一种是严格限制上网的模式。比如，缅甸采取禁止普通人上网的政策，在其4800万公民中，能在政府的严密控制下使用电子邮件的还不足1000人，如果有人被发现未经授权而拥有调制解调器，就会被判处7～15年徒刑。第二种是通过立法、严格审查的模式。比如，英国在2000年实施了《调查权管理法》，要求所有的网络服务提供商都要通过政府技术支持中心发送信息包，该中心由英国保安部门经营，官员可以检查和阅读所选定的任何电子邮件，但同时规定，官员在检查和阅读所选定的电子邮件时应该符合法定的程序。第三种是有限管理的模式。这种模式以美国、日本、加拿大、澳大利亚等国为代表。这些国家对互联网采取基本不干预，强调网上自律，政府在其中的主要作用是提供一个相对宽松的法律环境的政策。采取这种政策的国家也有选择地相对加强了对网络的监管力度，例如美国加强了为保护儿童针对色情信息的立法和对隐私权保护的立法。[①]

第一种模式是不足取的，在世界经济一体化的信息网络时代，闭关锁国的政策会使一个国家处于十分被动的国际地位。第二种模式过于严格，法律规范难以真正有效地得以实施。网站、网民人数众多，网络上的信息又是海量的，网络管理人员的人数也是有限的，即使是十分合理的法律规范，也难以真正落到实处，上述英国技术哲学家格雷厄姆对英国网络管理现状的有关论述应当引起我们的重视。第三种模式也有管理过宽之嫌，比如，由于美国在电子商务隐私权保护方面过于强调行业自律而不重视法律的规范，而影响了欧盟与美国之间电子商务的发展。

---

① 陈凡、赵兴宏、王晓伟、毛牧然：《辽宁省社科基金重点课题"网络管理对策研究"课题研究报告》，2000年，第4～5页。

因此,借鉴世界各国相关的网络管理经验,应当在网络管理问题上做到宽严适度,对网络问题突出的重点领域依法实施严管,而在其他的领域以技术方法或行业自律、网民自律的伦理方法来进行管理。

综上所述,无论是网络技术负向价值消解方法适用的外部环境,还是内部环境,政府的作用是至关重要的。但是,政府能否将体现全球范围内社会公众整体、长远利益的,符合科学发展观要求的新型技术价值观贯彻于网络技术的开发与应用之中,给网络技术负向价值消解方法的适用提供良好的内外部环境,前提条件是政府是不是由"自由人联合体"所选出的公共事务管理机关。因而,马克思关于变革社会建制是消解劳动异化、技术异化的理论观点,对于消解网络技术的负向价值是根本有效的。也就是说,只有充分保障广泛民主的服务型现代政府,才会给网络技术负向价值消解方法的适用提供良好的内外部环境。目前,西方发达国家在国内外各种压力之下,力图借助网络技术来改革传统的管理体制,表明他们已经认识到通过变革旧的社会建制可以减缓资本主义制度灭亡的历史进程。我国是社会主义国家,虽然广大人民群众已经成为国家的主人,但是受长期封建专制主义遗毒影响的旧的政治体制难以适应网络技术正向价值充分实现的要求,所以,我国也有必要利用网络技术所提供的历史机遇,改革传统的管理体制。改革传统管理体制使网络技术正向价值充分实现,已在第五章有所论述。其实,改革传统的管理体制,不仅有利于网络技术正向价值的充分实现,也有助于网络技术负向价值的充分消解。在一个公民享有广泛民主的服务型现代政府之中,网络技术正向价值能够得到充分的实现,网络技术负向价值能够得到充分的消解,网络技术变革社会的功能才会得到充分的展示。

6.2　网络技术负向价值的技术消解

就本书而言,网络技术负向价值的技术消解就是通过网络技术评估和应用各种先进的技术方法来消解网络技术的负向价值。网络技术评估的作用在于缩短人类未能预见的网络技术负向价值向可预见的网络技术负向价值的认识过程，先进的技术方法则适用于可预见的网络技术负向价值的尽力消解。

6.2.1 网络技术评估

网络技术评估就是识别、分析和评价网络技术在生态、社会和人本层面的正负向价值，或者通过社会环境中的主要构成要素对网络技术进行建构，对网络技术的正负向价值进行预测、管理的一种技术评估方式。网络技术评估的作用在于缩短人类未能预见的网络技术负向价值向可预见的网络技术负向价值的认识过程。网络技术评估分为觉察性网络技术评估和建构性网络技术评估。

6.2.1.1 觉察性网络技术评估

觉察性网络技术评估的目的在于通过预测网络技术可能造成的近期、远期的后果，为决策者提供决策的依据。就技术评估的历史来看，虽然不乏正确预测以及据此作出正确决策的范例，但预测的准确率较低却已成为普遍的认识。这一点，在网络技术价值的预测方面也逐渐显现。比如，未来派学者（如托夫勒）预言信息网络时代将实现无纸化办公与在家办公，而实际情况却是，纸张的使用量有增无减，在家办公的人数也未出现大幅度的增加。网络时代的三个新定律正在遭受越来越多的质疑，[①] 也说明了这一点。这三个新定律是梅特卡夫定律、摩尔定律和达维多定律。[②] 梅特卡夫定律预测，网络的价值等于结点（node）数的平方；摩尔定律预测，在既定的价格水平条件下，微处理器（CPU）的处理能力每隔 18 个月可增加 1 倍；达维多定律预测，进入市场的第一代新产品能自动获得 50% 的市场份额。导致预测的准确率较低，有很多原因，其中有几项是主要的。第一，这三个新定律都是运用归纳法，从现有数据的统计分析中归纳出的一般性规律，有其科学性的一面。但是，了解归纳法的人都知道，运用归纳法所得出的

---

① 毛晶莹、刘震宇：“麦特卡尔夫定律及其存在的问题”，《厦门大学学报》（自然科学版），2003 年第 10 期，第 99 ~ 103 页。

② 邢嘉、高福安：“互联网带来的经济思考”，《北京广播学院学报》（自然科学版），2003 年第 3 期，第 50 页。

定律（大前提）能够作为推理的根据，是因为还没有出现反例，如果有一个反例出现，该定律（大前提）就会被推翻。以梅特卡夫定律为例，2000 年中国电信网络大约有 2.8 亿用户，根据梅特卡夫定律，中国电信网在 2000 年的总业务量应为 8089 亿元，而实际上总业务量是 4493.8 亿元。[①] 可见，一个反例的出现，就推翻了梅特卡夫定律。同理，只要有一个反例的出现，也会推翻摩尔定律和达维多定律。第二，三个定律都没有考虑负的网络外部性，[②] 而且正负网络外部性因素很多，很难将各种因素进行系统的定性与定量的分析。第三，很显然，三个定律都只是体现网络技术正向价值上升时期的定律，在网络技术正向价值逐渐衰落的趋势中，就会失去效力。

　　此外，由于价值判断必然会被带进据称与价值无关的评估过程，[③] 这种价值的渗透性更加限制了人们对网络技术的生态、社会和人本层面的正负向价值的预见能力，从而无法提供给决策者中立的，更不用说是客观的信息。

6.2.1.2　建构性网络技术评估

　　建构性网络技术评估，就是将人文因素纳入网络技术的创新与应用过程，在政府主导下，专家与公众广泛参与来建构网络技术系统，使之在构思、设计、生产、市场扩散的动态过程中不断得到改进，目的在于使网络技术的创新与应用能够走上最佳的轨道，尽最大的可能性减少人类对网络技术负向价值的试错成本。建构性网络技术评估要实现它的目的，有赖于民主的广泛性，有赖于人们的认识能力和真正良好的意见是否被采纳等复杂的因素。鉴于网络技术重要的时代价值，笔者认为，建构性网络技术评估应当是在政府主导下，依法进行的，由各方面的专家联合攻关的，广泛征询社会公众意见的网络技术的技术创新、管理创新和市场创新的系统工程。

---

① 2000 年中国电信网业务量统计报告 [EB/OL]，http://www.mii.gov.cn/mii/hyzw/tongji，2004 - 12 - 24。

② Riggins F J, Charles H Kriebel, Mukhopadhyay T: *The growth interorganizational systems in the presence of network externalities*, Management Science, 1994, 40(8). 984 ~ 998.

③ F. 拉普：《技术哲学导论》，刘武等译，辽宁科学技术出版社 1986 年版，第 198 页。

6.2.2 应用技术方法尽力消解网络技术的负向价值

当人们已经认识到技术的负向价值以后，由于主体与客体具有对立的一面，技术负向价值必然产生，人们虽然无法完全消除技术的负向价值，但是可以在保证实现技术正向价值最大化的同时，尽力消解技术的负向价值。这个道理对于网络技术也不例外。先进的技术方法无疑是消解网络技术负向价值的重要方法之一。下面，就分别阐述一下利用先进的技术方法如何来尽力消解网络技术在生态、社会和人本层面的负向价值。

6.2.2.1 应用技术方法尽力消解网络技术的生态负价值

在自然生态方面，人们已经认识到由计算机等电子产品所产生的电子垃圾中的有毒有害物质主要包括铅、汞、镉、六价铬、聚合溴化联苯（PBB）、聚合溴化联苯乙醚（PBDE）6 种，许多国家都通过立法禁止在电子产品中使用含有这些有害物质的元器件。因此，应用技术方法尽力消解网络技术的生态负价值主要采取以下两种措施。

（1）引入循环经济的理念，及时回收再利用废旧的电子信息产品

由于废旧的电子信息产品中的一些有毒有害物质会污染环境，所以首先应当及时回收；之后，利用技术方法对其进行无害化或资源化处理，尽力将废旧的电子信息产品纳入循环经济的轨道，以实现经济发展与环境保护的协同。

欧盟在回收再利用废旧的电子信息产品方面走在了世界的前列。2003 年欧盟通过了《报废电子电气设备指令》（WEEE），要求各成员国于 2004 年 8 月 13 日前将这项法规纳入到本国法律体系之中。WEEE 指令要求，2005 年 8 月 13 日后欧盟市场上流通的电子、信息设备的生产商或进口商必须支付自己生产或进口产品的废旧物回收处理费用。生产商或进口商可选择建立独立的产品回收系统独自支付处理费，也可联合建立回收系统（如瑞典的 El‑Kretsen、荷兰的 ICT 系统）按比例分摊处理费用或向专业回收组织支付处理费用（如比利时的 Recupel 系统）。WEEE 指令规定了年人均 4 公斤的收集目标。

比利时的原有回收体系 Recupel 从 2002 年 1 月开始运作，确保了

整个比利时 WEEE 的收集、处理和回收利用。自 2003 年 1 月以来，Recupel 每月收集 3500 吨，相当于每年每人 4.1 公斤，收集的废旧电子、信息设备由与 Recupel 有合作协议的专门公司负责处理。比利时的回收重量已高于 WEEE 指令规定的年人均 4 公斤的收集目标。

荷兰的回收体系由 NVMP 系统和 ICT 回收计划组成。2001 年，NVMP 系统收集了大约 3500000 件 WEEE，重量约 66000 吨，相当于每年每人收集了 4.13 公斤；2002 年，ICT 收集了 9500 吨，相当于每年每人收集了 0.59 公斤。显然，2002 年荷兰的回收重量也已高于 WEEE 指令规定的年人均 4 公斤的收集目标。

在运作的第一年（2001 年 7 月 1 日到 2002 年 6 月 30 日），通过瑞典的回收体系 El - Kretsen 系统收集的再循环 WEEE 有 82650 吨，平均每年每人 9.28 公斤，是欧盟各成员国 WEEE 收集率最高的国家。

这样看来，在 WEEE 指令生效前，欧盟成员国比利时、荷兰和瑞典的废旧电子信息产品的回收措施已近似于欧盟 WEEE 指令的规定，其回收处理系统已基本符合 WEEE 指令的要求，对现有回收系统稍加改进就能顺利地将 WEEE 指令转换成相应的法律法规。目前，这三国根据 WEEE 指令的要求正在对原有回收系统进行改进，而其他成员国也对这些国家的回收系统进行研究比较，作为制定本国的回收计划和建立回收系统的蓝本或参考系统。

日本是世界上较早确立循环经济发展模式的国家之一。日本通过立法规定了各类电子信息产品的回收利用率，并以未达标实施处罚的方法来督促企业遵守法律并采取技术手段来回收利用废旧电子信息产品。日本的电子信息产品厂家还在全国建立了几十家废旧电子信息产品回收利用研究中心和处理工厂，积极研发并利用新技术回收再利用废旧的电子信息产品。

欧盟和日本在电子信息产品方面倡导的绿色环保理念，也使美国感到了竞争的压力，美国也采取了积极的应对措施。美国环保局在其官方网站大力宣传电子垃圾再生。在私人资金的支持下，美国环保局正准备推出国家级电子产品回收计划。美国电子工业协会还帮助马省启动了电子产品再生慈善项目。该项目得到了 Apple、HP、IBM、JVC、

Panasonic、Philips、Sharp Electronics、Lexmark、Sony 等公司的资助。此外，越来越多的美国大型电子产品厂商纷纷推出了电子产品回收计划或参与回收行动。例如，HP 公司拥有一套成熟的多元回收方案，该公司已成为再生产品设计方面的佼佼者。Canon USA、Dell 及 Gateway 公司也纷纷提出电子产品再生计划。①

我国现在已有一亿多人上网，而且上网人数也在与日俱增，与网络技术相关的电子信息产品污染环境问题也日益严重；此外，国外电子信息产品的环保要求，也使我国电子信息产品的出口遭遇了绿色壁垒的挑战。② 应对国内外的双重压力，借鉴比利时、荷兰和瑞典的废旧电子信息产品的回收处理系统，建立起适合我国国情的废旧电子信息产品的回收处理系统已势在必行。相信，2005 年 1 月 1 日起实施的我国《电子信息产品污染防治管理办法》，将有力地推动我国废旧电子信息产品回收处理工作的开展。

（2）尽量减少计算机等电子信息产品中有毒有害物质的含量

人们已经知道电子信息产品中的一些物质，如铅、镉、汞、铬、聚合溴化联苯（PBB）、聚合溴化联苯乙醚（PBDE）等会对环境造成污染，那么通过技术手段用对环境无害的物质替代有害的物质或者尽量减少有害物质的含量，就可以消解这方面的网络技术负向价值问题。

日本国际贸易与工业部（现在的经济、贸易和工业部）早在 1997 年就开始限制铅在电子产品中的使用。日本制造商，尤其是消费电子产品厂商，对与环境有关物质的使用慎之又慎。据 Raymond 报告披露，日本九大电子公司 2001～2002 年度在环境设计与兼容方面的投资高达 15 亿美元，仅三菱公司一家就投资了 4.13 亿美元。目前，消费者在日本已经可以买到无铅绿色家电。日本制造商从 2001 年开始便着手使日本成为世界上无铅元器件、材料和最终产品供应的最大市场。根据计划，日本制造商将从 2003 年到 2005 年在电子整机和相关组装件中

---

① 张景波编译："国外废旧电子信息产品污染防治状况简介"，《信息技术与标准化》，2004 年第 8 期，第 37～41 页。
② 胡正群、王俭："积极应对欧盟电子绿色壁垒"，《中国检验检疫》，2005 年第 4 期，第 24～25 页。

实现无铅化目标；到 2010 年，只容许日本厂商在极个别的生产领域采用有铅工艺；而到 2015 年，铅将被完全禁止使用。①

2003 年 2 月，《关于在电子电气设备中禁止使用某些有害物质指令》（ROHS）成为欧盟正式法规，欧盟要求各成员国于 2004 年 8 月 13 日前将这一法规纳入到本国法律体系之中。其基本内容是从 2006 年 7 月 1 日起，在新投放市场的电气电子设备产品中，禁止或限制使用铅、镉、汞、铬、聚合溴化联苯（PBB）、聚合溴化联苯乙醚（PBDE）6 种有害物质。根据这项法规，欧盟各成员国的企业就必须进行技术革新，在电子信息产品中，用对环境无害的物质替代有害物质，否则，就将承担相应的法律责任。其他国家的电子信息产品要进入欧盟国家，也必须满足 ROHS 的要求，否则，将无法取得进口许可证。

由于在电子产品无铅化方面落后于欧洲和日本，美国正在积极努力。美国各州及地方政府也都有无铅化计划。值得一提的是，美国国家电子制造协会（NEMI）等非官方组织已联合美国主要元器件、原始设备厂商、电子材料供应商和研究机构，制定了在北美实现无铅生产的路线图。希望借此满足美国产品出口日本和欧洲市场的要求，同时也为美国政府出台相关的法案做好准备。

欧盟指令带有浓厚的贸易保护主义色彩，但其代表的绿色环保方向是不容置疑的。对我国企业来说，积极应对绿色潮流，加快电子信息产品元器件的绿色设计和更新换代，进行环保型原材料的研发和生产是当务之急。企业首先要进行产品分析，分析电子信息产品中是否含有禁用的有害物质，然后根据分析结果，通过自主研发先进技术或改良产品设计等渠道寻找新型材料，并做好在一定程度上转向国际市场采购符合要求的原材料及零配件的准备。有关部门和行业协会要积极组织和引导企业探索、研究产品中有害物质的替代，加大对企业技术创新的支持力度，鼓励企业尽快开发研制替代材料，积极吸引国外环保型材料研发生产企业来华投资，增强我国相关环保材料的研发和

① 李耐和：解决电子垃圾，任重而道远［EB/OL］，http://www.eepw.com.cn, 2006 - 06 - 22。

生产能力。

6.2.2.2　应用技术方法尽力消解网络技术的社会负价值

如何消解以网络安全问题为主要表现的网络技术负向价值是本章重点探讨的问题。网络技术在社会层面的负向价值主要体现在网络经济与网络政治之中，在网络经济与网络政治领域，网络安全问题十分严重。网络安全问题是网络安全技术发展完善的动力，因为二者是矛与盾的关系，网络安全问题与网络安全技术的对立统一矛盾运动，是网络安全技术发展的内在动因。网络安全技术涉及国家安全问题，如果完全依赖进口，就有可能因为外方在提供的技术中设置"后门"，给我国的经济利益与政治安全造成危害。所以，网络安全技术尤其是核心技术主要靠自主开发。[①]

广义的网络安全是指网络系统的硬件、软件及其系统中的数据受到保护，不受偶然的或者恶意的原因而遭到破坏、更改、泄露，系统能连续可靠、正常地运行，网络服务不中断。[②] 网络安全主要包括安全技术、安全管理和安全法规等内容。狭义的网络安全的目标则包括以下四个方面[③]：①保密性（Confidentiality）：确保数据只被授权用户访问，不泄露给非法用户、实体或过程，防止非授权用户截获并使用该数据，保证通信机密。②完整性（Integrity）：保证数据未经授权不能进行改变，即信息在存贮或传输过程中保持不被修改、破坏和丢失，防止非法篡改或破坏信息。③可用性（Availability）：可被授权实体访问并按需求使用，即当需要时能否存取所需的信息，确保数据访问的有效性不被未授权的行为破坏。④可控性（Controllability）：对信息的传播及内容具有控制能力。

传统的网络安全技术包括数据加密技术、数字签名技术、漏洞扫描技术、识别与认证技术、访问控制技术、VPN 技术和防火墙技术等。正在研发的网络安全技术主要有入侵检测技术和入侵容忍技术。下文

---

① 吴敬琏："应对信息化的挑战"，《信息化工作参考》，2002 年第 2 期，第 6 页。

② Garfinkel S, Spafford G: *Practical Unix Security*, Sebastopol：O'Railly & Associates Inc, 1991.12~40.

③ GB/T9387.2-1995，信息处理系统开放系统互连基本参考模型第 2 部分：安全体系结构，1995。

就简要介绍一下这些网络安全技术。

（1）数据加密技术

数据加密技术主要用于保障网络系统环境中数据存储和传输过程中的保密性。通过对数据进行加密，可以防止重要数据被外部人员窃取和破坏。根据所使用的密钥不同可以将数据加密算法分为两类：对称密钥算法和非对称密钥算法。对称密钥算法的加密和解密过程使用相同的密钥。非对称密钥算法也称为公开密钥算法，它一般有两个密钥，一个用于加密而另一个用于解密。数据加密技术的安全性是基于算法和密钥的。①

（2）数字签名技术

数字签名技术是公开密钥加密技术的另一类应用。它的主要方式是：报文的发送方从报文文本中生成一个 128 位的散列值（或报文摘要）。发送方用自己的专用密钥对这个散列值进行加密来形成发送方的数字签名。然后，这个数字签名将作为报文的附件和报文一起发送给报文的接收方。报文的接收方首先从接收到的原始报文中计算出 128 位的散列值（或报文摘要），接着再用发送方的公开密钥来对报文附加的数字签名进行解密。如果两个散列值相同，那么接收方就能确认该数字签名是发送方的。通过数字签名能够实现对原始报文的鉴别和不可抵赖性。

（3）漏洞扫描技术

系统管理员的一项主要工作就是找出服务器上的安全漏洞。人工测试某台服务器的安全漏洞要花几天时间，需要不断地开发、编译和运行测试程序。这样做速度慢、费力而且容易出错，最后还要统一数据输出格式。使用安全漏洞扫描程序就可以解决这些问题，减少管理员的工作强度。漏洞扫描程序实际上是利用已知攻击方法对目标主机进行攻击，从而判断目标主机是否存在相应的安全漏洞。当然，漏洞扫描程序反过来也可以被黑客利用，用来做攻击前的准备，检查目标系统是否含有已知的漏洞。

---

① Denning D E：*Cryptography and data security*，New York：Addison – Wesley Publishing Company. 1982. 34.

（4）识别与认证技术

识别与认证技术是进入系统的第一道屏障，可以将非系统用户拒之门外。识别与认证技术在网络环境中起着非常重要的作用，每一个实体必须能够被唯一地识别出来。

现有的识别与认证技术有口令机制、Kerberos 认证机制①及 X. 509 认证协议。② 口令机制是通常使用的方法；Kerberos 认证机制在实体之间采用密钥技术实现认证；X. 509 认证协议是基于公开密钥密码系统的，是由国际标准化组织开发的许多标准中的一部分，其目标就是解决分布式计算问题。

（5）访问控制技术

存取访问控制就是对主体访问客体的操作权限实施控制，即规定哪些用户对哪些数据对象可执行什么操作。访问控制的主要目的是为了限制对关键资源的访问，防止非法用户的入侵或者合法用户的不慎操作所造成的破坏。访问控制进一步可以分为自主访问控制和强制访问控制。

访问控制系统一般包括：①主体：发出访问操作、存取要求的主动方，通常是用户或用户的某个进程。②客体：被调用的程序或要存取的数据。③安全访问策略：用以确定一个主体是否对客体拥有访问能力的一套规则。

（6）VPN 技术

虚拟专用网（Virtual Private Network，VPN）通过一个公用网络（通常是 Internet）建立一个临时的、安全的连接，是一条穿过公用网络的安全、稳定的隧道。虚拟专用网是对企业内部网的扩展，是利用公共网络基础设施，通过"隧道"技术等手段达到类似私有专网的数据安全传输。③

---

① Neuman B C, Ts'o T. Kerberos:*An Authentication Service for Computer Networks*, IEEE Communications, 1994, 32(9). 33～38.

② CCITT(Consultative Committee on International Telegraphy and Telephony). Recommendation X. 509: The Directory – Authentication Framework［S］,1988.

③ Younglove, R:*Virtual private networks – how they work*, Computing and Control Engineering Journal. 2000, 11(6). 260–262.

VPN 至少应能提供如下功能：①加密数据，以保证通过公网传输的信息即使被他人截获也不会泄露。②信息认证和身份认证，保证信息的完整性、合法性，并能鉴别用户的身份。③提供访问控制，不同的用户有不同的访问权限。

VPN 具有以下优点：①低成本：企业不必租用长途专线建设专网，不需要大量的网络维护人员和设备投资；②容易扩展：网络路由设备配置简单，无需增加太多的设备，省时省钱；③完全控制主动权：VPN 上的设施和服务完全掌握在企业手中。

（7）防火墙技术

防火墙是指用于加强内部网络与 Internet 之间的安全防范的一个系统或一套系统，用来控制受保护的内部网络和 Internet 之间的访问。来自 Internet 和发往 Internet 的所有信息都必须经由防火墙，而防火墙只允许被授权的信息通过。防火墙技术的核心思想就是通过在开放的网络环境中构造一个相对封闭的逻辑网络环境来满足人们对内部网络的安全要求。防火墙的实现技术主要有：数据包过滤、应用网关和代理服务等。防火墙是一种比较被动的网络安全技术，对于内部未授权的访问难以有效地进行控制。防火墙技术比较适合于内部网络相对独立，且与外部网络的互联途径有限、网络服务种类相对比较集中的网络。

防火墙作为计算机安全的一种防护手段得到了广泛应用，它可以起到一定的防护作用，然而仅仅使用防火墙是不够的，防火墙的局限性有：①入侵者可能会通过防火墙背后敞开的后门绕过防火墙；②防火墙不能阻止来自内部的攻击，而事实上 70% 的攻击事件是来自于内部网络的；③防火墙不能提供实时检测；④防火墙对计算机病毒束手无策；⑤防火墙是静态的安全技术，不能跟踪入侵者；⑥许多防火墙的安全控制主要是基于 IP 地址的，难以为用户在防火墙内外提供一致的安全策略。

（8）入侵检测技术

传统的计算机网络安全技术属于静态的系统安全模型，可以作为保护计算机安全的第一道屏障。然而，这些技术存在着一些无法克服的缺陷，表现为：①无法实时报警，也没有自动响应功能；②功能单一，没有形成一个信息共享的完整的安全体系结构；③某些传统的计算机网络安全技术，其自身功能也是不完善的。例如，防火墙系统的上述局限性。

由于这些安全技术本身的局限性加上系统漏洞的不可避免性和黑客攻击技术的不断发展，仅有上述安全技术是远远不够的，所以人们提出了保护计算机系统的第二道防线——入侵检测（Intrusion Detection，ID）技术。①

入侵检测（Intrusion Detection，ID）是指发现非授权用户（如黑客）企图使用计算机系统或合法用户滥用其特权（如内部攻击）的行为，这些行为破坏了系统的完整性、机密性及资源的可用性。为完成入侵检测任务而设计的计算机系统称为入侵检测系统（Intrusion Detection System，IDS）。它通过对计算机网络或计算机系统的若干关键点收集信息并对其进行分析，从中发现网络或系统中是否有违反系统安全策略的行为和被攻击的迹象。IDS 的作用是检测对系统的入侵事件，一般不采取措施防止入侵行为。一个入侵检测系统应具有准确性、可靠性、可用性、适应性、实时性和安全性等特点。②

具体说来，入侵检测系统的主要功能有：①监测并分析用户和系统的活动；②核查系统配置和漏洞；③评估系统关键资源和数据文件的完整性；④识别已知的攻击行为；⑤统计分析异常行为；⑥操作系统日志管理，识别违反安全策略的用户活动。

（9）入侵容忍技术

目前已经出现了许多网络安全技术，并部分用于各种系统的安全保护。这些技术可以划分为三个层次。第一层，系统安全保护技术，重点在通过阻止入侵者进入保护系统安全。主要使用了密码学、访问控制、认证及防火墙等技术。但是，这些技术实际上并不能保证系统不被侵入。目前网络协议及系统的漏洞是普遍存在且广为人知的，所

---

① Denning D E: *An intrusion - detection model*, IEEE Transactions on Software Engineering, 1987，13（2）. 222 ~ 232.

② 蒋建春、马恒太、任党恩等："网络安全入侵检测：研究综述"，《软件学报》，2000 年 11 月第 11 期，第 1460 ~ 1466 页。

以系统一旦遭到入侵，上述安全机制就无能为力了。因而出现了第二层次，即入侵检测技术。入侵检测技术通过分析系统的审计数据和网络数据包，来发现非授权用户的非法访问或授权用户滥用特权的行为。一旦发现入侵，则产生告警，系统采用相应的响应措施。但是，目前的入侵检测技术多数是针对已知的攻击类型，对于未知的攻击无法全部发现。而且，入侵检测系统的性能仍然有待提高。实践证明，仅有入侵检测技术也是不够的。第三层，就是入侵容忍技术，使系统能够在受到入侵时保持可用性。实际上，保持系统在入侵时依然能够提供服务比确认系统遭到的是何种类型的攻击更重要。因此，入侵容忍技术就成为系统安全中的第三道保护屏障。

入侵容忍（Intrusion tolerance），简称容侵，是指网络系统在受到入侵或攻击时，仍然能够提供服务。现在，入侵容忍理论与技术的研究，已经成为网络系统安全研究的一个重要组成部分，也是目前国际网络与信息安全领域研究中的热点和前沿课题。①

6.2.2.3　应用技术方法尽力消解网络技术的人本负价值

网络技术在人本层面的负价值主要体现为暴力、色情、赌博、迷信等有害信息对作为主体的人的道德情感、审美意识和身心健康的危害，特别是对青少年的危害。由于有害信息还可能诱发违法与犯罪，所以它也能产生社会层面的危害性。有的学者也将有害信息的危害性问题纳入信息网络安全问题，即信息污染方面的信息网络安全问题。②伴随着人类进入网络时代的步伐，防范网络有害信息的技术也在不断地推陈出新，目前，信息过滤技术、ISP 管理网上信息的技术、防范网络游戏沉迷的技术以及网吧管理技术刚刚出现，正在研讨之中。

（1）信息过滤技术

在信息过滤技术中，"防火墙"是相当普遍的，它有两种模式，一种是路由器过滤法，在网络层上进行过滤，把已知的国外有害信息源

---

① Dutertre B, Sa di H, Stavridou V: *Intrusion – Tolerant Group Management in Enclaves* [A]. International Conference on Dependable Systems and Networks（DSN'01）[C]. Washington, DC: IEEE Computer Society Press, 2001. 203 – 212.

② 李娜："世界各国有关互联网信息安全的立法和管制"，《世界电信》，2002 年第 6 期，第 36 ~ 39 页。

的 IP 地址在路由器上设为"拒绝"。因为互联网信息传输过程中，每一个信息包都附有信息的来源地和目标地址。在网络进出口处的设备——路由器上，安装信息过滤软件实施对来源地址的检查，限制某些不良信息源地址的信息包通过，就可以达到信息过滤的目的。这不但可以对 Web 站点、BBS 站点以及发送电子邮件站点的进入实施限制，而且也可以限制对某些站点的远程登录和文件传输（telnet 和 ftp）。另外一种方式是在服务器上安装专门的软件作为网关，在应用层上进行筛选和过滤。过滤需要建立一个与各种有害信息的词语相关的词库，通过这个网关的所有内容与词库中的词语进行比较，进行筛选和过滤。这种方式要求软件具有一定的人工智能，服务器具有很强的处理能力，否则难以取得好的效果。目前，"自然语言理解"软件技术正在研究之中，这种软件技术可以理解人们的自然语言，将有害信息与有益信息作出有效区分，可以大大提高筛选和过滤有害信息的能力。

（2）ISP 管理网上信息的技术

因为网络用户只有通过 ISP（网络服务提供者）提供的服务才能在网络上下载、发布、处理信息，因此，ISP 对网络用户有一定的管理权限，ISP 可以通过某些技术手段来控制网络用户的信息发布行为。对于有害信息，ISP 可以通过某些技术手段，控制网络用户发布有害信息，对有害信息的防范发挥一定的作用。

ISP（网络服务提供者）一般分为提供网络信息服务的网络内容提供者与提供网络中介服务的网络中介服务提供者。网络中介服务提供者分为接入服务提供者与主机服务提供者。接入服务提供者一般对信息无法控制、编辑；主机服务提供者虽不提供网络信息服务，但可对用户发布的信息进行某种程度的编辑与控制。不同种类的 ISP，对网上有害信息的防范能力与义务是不同的。网络内容提供者的防范能力最大，义务也最重；接入服务提供者防范能力最小，义务也最轻；主机服务提供者处于居中的位置。

（3）防范网络游戏沉迷的技术

近年来，网络游戏成瘾诱发多起青少年猝死、自杀以及抢劫、杀人等恶性案件，引起了社会各界的广泛关注。在这一背景之下，2005

年8月23日，新闻出版总署公布了《网络游戏防沉迷系统开发标准》（以下简称《标准》），要求网络游戏企业按照该《标准》采取技术手段解决游戏沉迷问题。按照该《标准》的设想，累计游戏在3小时以内的属于"健康游戏时间"，经验值、落宝率（获取虚拟物品的几率）正常；累计游戏时间在3~5小时属于"疲劳时间"，《标准》建议将经验值和落宝率降为50%；累计游戏时间在5小时以上的为"不健康游戏时间"，《标准》建议将经验值和落宝率降为0。

《网络游戏防沉迷系统开发标准》得到了盛大、网易、九城、光通、金山、新浪、搜狐7家网络游戏公司的支持。7家公司还在《标准》发布的当天共同签署了开发、实施网络游戏防沉迷系统的责任书。目前，上述7家公司在中国网络游戏市场的市场份额在90%以上。

据报道，"防沉迷系统"于2005年9月30日开发完成，10月1日至20日在上述7家公司内部测试，10月20日后在目前市场上最活跃的《传奇》、《大话西游》、《魔兽世界》、《奇迹》等11款网络游戏上试运行，2006年初在所有网络游戏上强制执行。[①]

虽然玩家可以通过开设多个账号、玩多款游戏、选择"私服"、登陆国外服务器等方法规避"防沉迷系统"。[②] 但是，该系统还是得到许多家长的好评。

（4）网吧管理技术

据调查统计，中国网民大约有70%喜欢在网吧进入他们的虚拟世界。[③] 因此，应用技术手段对网吧进行监控，就可以在较大范围内解决有害信息的人本负价值问题。以往，"严打"过后违规网吧又会死灰复燃，原因在于缺乏对网吧进行时时监控的技术手段。2005年9月，由辽宁省公安机关委托开发的"守护神管理软件"解决了这一问题。安装上"守护神管理软件"，使每一个服务终端都与文化行政管理部门的计算机管理平台进行交互连接，对网吧经营活动进行时时监控，防止

---

① 江南："五小时还是太长"，《新闻·评论》，2005年第34期，第12页。
② 玩家五招对付"防沉迷"［EB/OL］，http://www.YNET.com.cn，2006-01-14。
③ 叶士舟："青少年网络游戏瘾症成因及对策"，《现代教育科学》，2004年第2期，第20页。

网吧接纳未成年人进入、超时营业和网上传播有害信息等违法违规行为。据了解，该软件系统不但能实现对网吧的网络管理，还可以对文化管理部门的执法和管理进行监督，因为，计算机系统上篡改执法记录或违法事实的行为很难实现，可以有效防止人情案、违法行政和营私舞弊现象的发生。

6.3 网络技术负向价值的法律消解

技术消解方法虽然对网络技术负向价值的实现有积极主动的防范作用，但是由于它自身的局限性，需要与法律消解方法相结合，才能有效地消解网络技术的负向价值。技术消解方法为法律消解方法的适用提供技术手段，而法律消解方法可以为技术消解方法的适用提供规范、强制（补救）、惩罚警示与奖励的作用。（1）规范作用。规范作用主要体现在以下三个方面：第一，如果网络安全涉及公众利益，那么采用技术方法保障网络安全就是有关主体的义务，因而有必要用法律来规范这些主体的行为。第二，将消解网络技术负向价值的技术操作规范上升为法律规范，既能充分发挥技术规范的效能，也为防止违反技术规范提供了法律保证。第三，需要设立一些组织机构来消解网络技术的负向价值，比如设立技术评估机构对网络技术进行评估。制定相关的法律来规范这些机构的职权、管理体制、活动原则、办事程序等有利于这些机构消解工作的顺利开展。（2）强制（补救）作用。即使有技术防范方法，也可能遭受违法者的侵害，因为有些违法者有能力突破技术防范方法的防范，所以，适用法律的强制力让违法者承担损害赔偿等法律责任，可以补救权利人遭受的损失。（3）惩罚警示作用。惩罚作用体现为使违法者受到严厉惩罚之后不敢再从事违法活动，警示作用体现为使一些人看到违法者受到严厉惩罚之后，慑于法律的威严，也不敢从事违法活动。（4）奖励作用。一些法律法规中的奖励性规范有利于引导有关单位和个人积极采取相应的技术措施以消解网络技术的负向价值。比如，我国《电子信息产品污染防治管理办法》第7条规定："信息产业部可以对积极开发、研制新型环保电子信息产品的单位给予相应的生产发展基金支持"。

6.3.1　网络技术评估立法

我们已经知道,网络技术的负面效应难以预测已被实践所证明。那么,现有的法律对于不可预见的(网络)技术负向价值是否有相关规定呢?我国《产品质量法》第 41 条规定:因产品存在缺陷造成人身、缺陷产品以外其他财产损害的,生产者能够证明将产品投入流通时的科学技术水平尚不能发现缺陷存在的,不承担赔偿责任。从这一条的规定来看,对于不可预见的(网络)技术负向价值,生产者是不承担赔偿责任的。由此可见,对于不可预见的(网络)技术负向价值,就应当考虑制定新的法律了。笔者认为,政府应当出台《新技术负向价值救济补偿法》(简称《救济补偿法》),由政府筹集资金设立救济补偿基金,用以救济补偿不可预见技术负向价值给有关当事人造成的损害。《救济补偿法》的主要内容有:(1)调整对象是新技术负向价值补偿基金的设立、筹集、运用,管理、监督等社会关系。(2)补偿基金的主要缴纳者是应用(网络)技术而获取利润的生产者、销售者等经营者,也可通过政府补贴、社会捐助等其他途径筹集资金。(3)当(网络)技术负向价值造成损害之时,首先应当区分是可预见的还是不可预见的(网络)技术负向价值实现,根据上文《产品质量法》第 41 条的规定,这方面的举证责任由生产者承担,如果生产者不能证明将产品投入流通时的科学技术水平尚不能发现缺陷存在的,那么就由生产者来承担损害赔偿责任,而不动用补偿基金。笔者认为,受损害方举证证明现有科技水平能够检测出缺陷存在,并由生产者来承担检测费用,也是符合举证责任承担原理的。如果确实属于现有科技水平难以发现的(网络)技术负向价值,即不可预见的(网络)技术负向价值,则可以使用补偿基金来救济相关单位或个人。(4)有时由于损失较大或者遭受损失的单位或个人数量较多,而补偿基金数额有限,不能足额补偿,给予部分的补偿也是合理的,补偿不适用过错侵权的损赔相当原则。(5)若法定期限内(如 10 年)未出现(网络)技术负向价值,那么补偿基金将用于资助交纳补偿基金的经营者开发循环技术、绿色环保节能产品等既有利于经营者提升竞争力又有利于社会公众利益和消费者权益的技改项目。

笔者认为，为了适应建构性技术评估的要求，我国应当借鉴美国的《技术评估法》，制定我国的《技术评估法》，规定技术评估机构的职权和职责、管理体制、评估原则、评估程序等。对于涉及公众利益的技术开发项目，应当设立听证程序，由政府相关部门主持听证会，邀请相关方面的专家组成评审组。在听证会上，社会公众的代表和技术开发项目一方的代表，对某个技术开发项目可能造成的正负面影响进行辩论，辩论的目的在于尽量实现该技术开发项目的正向价值最大化与负向价值的最小化。听证会应当通过媒体向社会公众公开，社会公众的意见有助于辩论双方、政府相关部门和评审组专家兼听则明。最后，由评审组进行表决，政府相关部门根据表决的结果，决定该技术开发项目有无实施的必要。具体到网络技术的评估，当某一网络技术开发项目涉及公众利益时，由信息产业部门协同相关部门主持听证会，邀请网络技术和社会科学方面的专家组成评审组。在听证会上，社会公众的代表和某一网络技术开发项目一方的代表，对该网络技术开发项目可能造成的正负面影响进行辩论，辩论的目的在于尽量实现该网络技术开发项目的正向价值最大化与负向价值的最小化。之后，由评审组进行表决，政府相关部门根据表决的结果，决定该网络技术开发项目有无实施的必要。

6.3.2　应用法律方法消解网络技术的负向价值

6.3.2.1　应用法律方法消解网络技术的生态负价值

（1）国外消解网络技术生态负价值的相关立法

近年来，网络技术在社会各领域中的广泛应用，使废旧的电子信息产品也在大幅增加，增加率是一般废弃物的 3 倍。日益严重的电子垃圾污染环境问题，引起了世界各国的普遍关注。电子信息产品中有害物质的生态危害和电子垃圾回收处理成为全世界的共同难题。近年来，发达国家纷纷立法对废旧的电子信息产品进行管理。

2003 年欧盟通过了两项有关电子垃圾的立法，《报废电子电气设备指令》（WEEE）和《关于在电子电气设备中禁止使用某些有害物质指令》（ROHS），要求各成员国于 2004 年 8 月 13 日前将上述两个法规纳入到本国法律体系之中。WEEE 指令要求生产商（包括其进口商和经销商）在 2005 年 8 月 13 日以后负责回收处理进入欧盟市场废弃的电子信息产品，并在 2005 年 8 月 13 日以后投放市场的电子信息产品上加贴回收标识。ROHS 指令则要求，2006 年 7 月 1 日以后投放欧盟市场的电子信息产品不得含有铅、汞、镉、六价铬、聚合溴化联苯（PBB）、聚合溴化联苯乙醚（PBDE）6 种有害物质。两个指令涉及的产品有 10 大类，170 余种，包括了绝大多数电子信息产品。

日本废旧电子信息产品污染防治体系是建立在其循环型经济基础之上的。日本促进循环经济发展的法律法规体系比较健全，可以分成三个层面：基础层面——《促进建立循环型社会基本法》；第二个层面——两部综合性法律，分别是《固体废旧物管理和公共清洁法》和《促进资源有效利用法》；第三个层面——根据各种产品的性质制定的六部具体法律法规，分别是《促进容器和包装分类回收法》、《家用电器回收法》、《建筑及材料回收法》、《食品回收法》、《汽车循环利用法》及《绿色采购法》。① 日本虽然没有单独立法禁止在电子信息产品中使用有毒有害物质，但是《固体废旧物管理和公共清洁法》禁止将任何能够浸出有毒有害物质的废物投放到环境之中去。2001 年 4 月实施的《绿色采购法》规定，政府等单位负有优先购入环保型产品的义务，从而鼓励环境友好的再循环产品的生产与销售，该法的实施当然有助于环境友好型电子信息产品的研发与应用。

由于在环境友好型电子信息产品方面落后于欧盟和日本，美国正在积极努力。2003 年美国 26 个州关于电子垃圾的提案就多达 52 个，而且其中多数议案的规定比欧盟指令还要严格。2003 年，由于美国各地处理的电子垃圾数量骤增，加州还首开先河，要求消费者在购买计算机或电视机时缴纳 6～10 美元/件的再生费用。同年 2 月，加州通过的一项法律要求手机零售商免费回收并再生手机废旧电池。但在联邦法律方面，还没有类似的规定。美国基层再生网络（GRRN）还发起

① 张景波编译："国外废旧电子信息产品污染防治状况简介"，《信息技术与标准化》，2004 年第 8 期，第 37～41 页。

了"计算机回收活动"，其目的是通过法案，要求 Dell 及 HP 等品牌商承担电子产品使用期安全的经济责任。GRRN 认为，将废物管理成本由纳税人与政府转向制造商，将有力促进再生或重用产品的设计，大大减少有毒物质的使用。

（2）我国消解网络技术生态负价值的相关立法

为了应对电子信息产品日益严重的环境污染问题以及发达国家对我国的绿色壁垒问题，我国信息产业部颁布了《电子信息产品污染防治管理办法》（简称《管理办法》），于 2005 年 1 月 1 日起实施。《管理办法》借鉴了发达国家的立法经验，规定了生产者（指在中国境内从事生产、销售、进口所有电子信息产品的单位或个人）4 项义务：①负责产品使用后的回收、处理、再利用的义务，②采取措施逐步减少并淘汰电子信息产品中有毒有害物质含量（铅、汞、镉、六价铬、聚合溴化联苯（PBB）、聚合溴化联苯乙醚（PBDE）等）的义务，③采用有利于环保的技术方案、材料、技术和工艺的义务，④在产品、产品外包装或者说明书上标注环保信息的义务。《管理办法》还规定了相应的奖励和惩罚措施。奖励措施有：①各级信息产业主管部门可以对在电子信息产品污染防治工作以及相关活动中做出显著成绩的单位和个人，给予表彰和奖励；②信息产业部可以对积极开发、研制新型环保电子信息产品的单位给予相应的生产发展基金支持。惩罚措施有：①各级质量监督检验检疫、工商行政管理、信息产业主管部门根据各自的职责范围对违反规定，不履行法定义务的生产者进行处罚；②违反规定，不履行法定义务的进口商，商务部不予批准进口，海关不予验放；③违反规定，不履行法定义务的生产者，三年内不受理其有关发展基金的申请。

6.3.2.2 应用法律方法消解网络技术的社会负价值

网络安全技术的作用需要法律手段的辅助，才能更好地发挥作用。通过立法，让网络技术应用主体承担采用网络安全技术保护措施的义务，并规定不采取安全技术保护措施的法律责任，督促网络技术应用主体履行安全保障义务，有利于网络技术社会负向价值的消解。此外，通过立法，还可以规定网络技术应用主体的其他法定义务来保障网络安全。这些法定义务主要包括：建立安全保护管理制度，对网络用户进行安全教育和培训，提供安全保护管理所需信息、资料和数据文件，对委托其发布的信息进行审核，对电子公告系统的用户进行登记，发现网络用户发布非法信息向主管部门报告，建立公用账号使用登记制度，按照主管部门的要求删除发布违法信息的地址、目录和关闭服务器等。由此可见，适用法律方法消解网络技术的社会负向价值不仅有助于网络安全技术的强制适用，而且通过规定网络技术应用主体的其他法定义务，构成一个网络技术负向价值消解的安全保障体系，更加有效地消解网络技术的社会负价值。

网络技术的社会负向价值问题日趋严重，主要表现就是计算机网络的安全问题，这一问题现已成为当今世界最为棘手的全球性问题之一，各国都纷纷立法保护信息网络的安全。①

（1）国外消解网络技术社会负价值的相关立法

目前，世界各国有关网络安全的法律对策基本上是从两个方面入手的：一是修改现行法律，如对宪法、刑法、合同法、专利法、版权法、反不正当竞争法进行修改和补充，使之适用于惩罚网络安全的违法或犯罪行为。二是制定新的网络法律法规，通过单独立法来集中解决危害网络安全的违法或犯罪活动。

美国是在信息安全方面颁布法案最多且其体系最为完善的国家。美国联邦立法可以分为两个层次：第一，国会根据美国宪法的授权制定了大量有关信息安全的联邦法律；第二，各州议会也制定州法律加强对信息和信息系统保护。这里主要介绍美国国会制定的联邦信息安全方面的法律。美国国会制定的联邦信息安全方面的法律可以分为信息泄密、信息破坏和信息侵权三种类型。网络信息泄密主要涉及三个方面：个人隐私信息、企业商业秘密及政府部门和军事机关的机密信息的泄漏。美国联邦立法中对防范和制止信息泄密的法律主要有：《电子通信隐私法》（ Electronic Communications Privacy Act 简称 ECPA）、《统一商业秘密法》（Uniform Trade Secrets Act 简称 UTSA）和《计算机

---

① 李娜："世界各国有关互联网信息安全的立法和管制"，《世界电信》，2002 年第 6 期，第 36～39 页。

欺诈和滥用防止法》（Computer Fraud and Abuse Act 简称 CFAA）。其中
《电子通信隐私法》（ECPA）由《反窃听法》（The Wiretap Act）和
《保护存储的通信法》（The Stored Communication Act）两部分组成。
信息破坏方面的法律有：美国国会通过的《计算机欺诈和滥用防止法》
（CFAA），《计算机安全法》（Computer Security Act），《2002 年联邦信
息安全管理法》（Federal Information Security Management Act of 2002）
等。有关信息侵权方面的联邦法律主要是《数字千年版权法》（The
Digital Millennium Copyright Act 简称 DMCA）。

　　欧盟积极应对信息网络安全问题，早在 1997 年在波昂由欧盟主持
的"全球信息网络——实现的潜能"会议上发表了波昂宣言，针对全
球信息网络的发展达成 69 项共识，其中包括"确定安全的网络环
境"。会议认为在信息社会中信息的保密与密码学技术是关键，提高加
密水平对于电子商务是非常必要的，因此，各国部长将采取行动谋求
国际间共同可适用的法律与密码产品。欧盟委员会还通过互联网行动
计划，对旨在使分级和过滤系统更为有效的工作进行了投资。2000 年
6 月，在费拉召开的首脑级会议上，欧盟的国家元首和政府首脑通过
了提高电子服务机构安全的"e—欧洲"建议。重点是加强信用卡使用
的力度、解决确保数据传输安全的技术问题以及在打击计算机犯罪活
动的斗争中欧盟 15 个成员国如何加强协调的问题。另外，欧洲委员会
还把一份有关打击互联网犯罪的欧洲公约草案提交公众讨论。这是追
究计算机犯罪活动刑事责任的第一个国际性条约草案。公约将制止所
谓的电脑黑客的行动，并把非法窃取数据的行为宣布为犯罪。文件的
签字国应该对网上传播儿童色情和占有从网上复制的数据的行为加以
惩罚。此外，对受保护的互联网内容的盗版和传播行为也将被禁止。
拟议的公约，将有助于官方机构之间的协调并便于对计算机进行检查。

　　日本已经制定了国家信息通信技术发展战略，强调"信息安全保
障是日本综合安全保障体系的核心"，出台了《21 世纪信息通信构想》
和《信息通信产业技术战略》。日本从 2000 年 2 月起开始实施《反黑
客法》，规定擅自使用他人身份及密码侵入电脑网络的行为都将被视为
违法犯罪行为，最高可判处 10 年监禁。

一些发展中国家，如新加坡、韩国、菲律宾等在网络安全立法方面也十分先进。比如，1996 年 7 月，新加坡广播管理局（SBA）宣布对互联网实行管制，实施分类许可证制度。韩国情报通信部也正在积极推进有关利用信息通信网的法律修改工作，以加强对信息通信网的管理。菲律宾颁布了《电子商务法》，促进了电子商务在本国的快速发展。

（2）我国消解网络技术社会负价值的相关立法与立法建议

我国的信息安全保护经历了信息保密、计算机数据保护两个发展阶段，目前信息网络安全研究刚刚起步。1994 年，国务院颁布了《中华人民共和国计算机信息系统安全保护条例》，这是一个标志性的、基础性的法规。到目前为止，我国信息安全的法律体系可分为四个层面：一般性法律规定，如宪法、国家安全法、国家秘密法、治安管理处罚法等；规范和惩罚信息网络犯罪的法律，如《中华人民共和国刑法》、《全国人大常委会关于维护互联网安全的决定》等；涉及信息安全方面的行政法规，如《中华人民共和国计算机信息网络国际联网管理暂行规定》、《电信条例》、《互联网信息服务管理办法》、《互联网上网服务营业场所管理条例》等；涉及信息安全方面的行政规章，现在专门针对网络的行政规章已经达到几十件。[①]

在信息泄密方面，我国规制公共信息安全的法律法规主要有：2000 年 9 月 20 日由国务院第 31 次常务会议通过的《中华人民共和国电信条例》及 2000 年 1 月 25 日国家保密局发布的《计算机信息系统国际联网保密管理规定》等。上述法律法规着重公共电信网络和公共计算机体系中的信息保密问题，而保护私人信息安全和商业秘密的法律法规在我国目前的立法体系中是个空缺，是当前我国信息安全立法的重点。

在信息破坏方面，1997 新刑法增加了对计算机信息系统保护和防范利用计算机系统犯罪的第 285 条、第 286 条和第 287 条。然而与美国联邦立法相比，在调整范围、损害结果、刑事责任等方面仍存在许

---

① 易涤非、王宇静：“网络与信息安全立法刍议”，《世界电信》，2003 年第 5 期，第 30～33 页。

多值得商榷之处。比如，第285条"侵入计算机系统"犯罪的对象规定狭窄，只限于"国家事务、国防建设、尖端科学技术领域"，并规定对计算机系统"干扰"破坏受刑事处罚的必须是造成"系统不能正常运行"、"后果严重"者，因此该规定存在着一定的局限性。此外对刑事责任的规定也较轻，即"违反上述规定，后果严重的，处五年以下有期徒刑或者拘役；后果特别严重的，处五年以上有期徒刑。"

在信息侵权方面，我国在2004年1月2日由最高人民法院发布了《关于审理涉及计算机网络著作权纠纷案件适用法律若干问题的解释》，该司法解释对涉及信息产品的知识产权保护问题作了专门的解释。新修订的《著作权法》顺应网络技术的发展，也赋予了著作权人和邻接权人信息网络传播权、权利管理信息权和技术保护措施权等新的权利。但是新出现的许多网络知识产权问题，仍然处于无法可依的状态。比如，域名、多媒体作品、数据库以及网络虚拟财产的法律保护问题等。

总体上，我国的信息安全立法还处于起步阶段，具体体现在以下几个方面：①存在许多网络信息安全法律方面的空白；②还没有形成一个完整性、适用性、针对性的完善的法律体系；③缺乏兼容性，难以同传统的法律原则、法律规范相协调；④难以操作，如同一行为有多个行政处罚主体；不同法律规定的处罚幅度不一致；行政审批部门及审批事项过多等。①

信息安全法的制定与实施关乎我国的领土安全（包括虚拟空间的领土安全）、政治安全、经济安全以及文化与意识形态安全等问题，是信息网络时代，中华民族能否继续屹立于世界民族之林而立于不败之地的重要的法律部门。2003年"两会"期间，部分代表提议制定信息安全法，掀起了我国探讨构建以《中华人民共和国信息安全法》为基本法的信息安全法律体系的热潮。全国人大代表、山东浪潮集团有限公司总经理孙丕恕建议，尽快制定"国家信息安全法"，使法律法规跟上信息技术的发展，并统一完善标准，建立信息安全等级认证制度，

---

① 王宇红："网络信息安全的立法评析与完善对策"，《情报杂志》，2003年第3期，第7~9页。

明确执法主体，使国家信息安全得到真正的保障。① 全国政协委员、国务院信息化工作办公室副主任曲维枝等委员提交了关于尽快制定"中华人民共和国网络信息安全法"的提案。提案建议，国家应尽快制定《中华人民共和国网络信息安全法》，确立信息安全的法律原则和基本制度，明确国家各部门以及社会各方面在信息安全保障上的职责，建立和完善网络信息安全的监控制度、网络信息安全分析与共享制度、网络信息安全的评估制度、网络信息安全的应急保障制度、有害信息的防治制度、网络信息安全技术特别是商业密码技术的管理制度、网络信息安全的人才培养和培训制度，以调动社会各方面力量，包括市场力量，排除国内外敌对势力和不法分子的干扰、破坏和攻击，确保国家基础设施的安全，维护国家安全和社会稳定，为全国建设小康社会创造良好的法制环境和社会环境。②

6.3.2.3 应用法律方法消解网络技术的人本负价值

暴力、色情、赌博、迷信等网络有害信息造成的信息污染问题，体现为网络技术在人本层面的负向价值。信息污染对于青少年，特别是未成年人具有很大的危害性。所以，各国都积极寻求运用法律手段来消解这方面的网络技术负价值。③

（1）国外消解网络技术人本负价值的相关立法

美国为了促进网络经济的发展，在网络管理方面强调行业自律，但是，为了消解网络有害信息对未成年人的危害，及时地制定了相关的法律。美国国会在 1998 年通过了《儿童在线保护法》（Child Online Protection Act 简称 COPA），于 2000 年 12 月通过了《儿童互联网保护法》（Children's Internet Protection Act）。欧盟积极应对网络有害信息问题，1999 年 1 月，欧洲议会和部长理事会通过了有助于安全使用互联网的"行动计划"，这是欧洲为对付网络中非法、有害的内容而制定的计划之一。2000 年 5 月底，欧盟成员国决定，在打击通过互联网传

---

① 孙丕恕："信息安全立法刻不容缓"，《计算机安全报》，2004 年第 4 期，第 7 页。
② 曲维枝："尽快制定网络信息安全法"，《计算机安全报》，2004 年第 4 期，第 8 页。
③ 易涤非、王宇静："网络与信息安全立法刍议"，《世界电信》，2003 年第 5 期，第 30~33 页。

播针对儿童的色情信息的斗争中，加大惩罚和跨国合作的力度。此外，欧盟委员会还打算推进研究，以便及时发现互联网和其他网络上的非法和有害内容。在打击网络犯罪的斗争中，欧盟委员会要求官方机构、数据保护机构以及经济界密切合作。

为了协调网络游戏产业的发展与网络有害信息的社会危害性这一对矛盾，美国、日本、欧盟、韩国等国家都实施了游戏分级制度。在美国，成立了一个行业自律性团体"娱乐软件分级委员会"（ESRB），管理游戏的分级。ESRB 游戏等级标识分为两个部分，一部分是年龄等级标志，如"E"（Everyone）适合所有人，此类游戏可涵盖多种年龄层和口味，它们包含有最少的暴力内容、部分漫画风格的恶作剧（例如闹剧式的喜剧）、或者部分粗鲁的语言；而"AO"（Adults Only）仅适合成年玩家，此类产品包含有性或暴力的图片描述，严禁向十八岁以下的玩家销售或出借。另一部分是内容类型标志，在游戏包装盒背面用特定的词组描绘了游戏画面所涉及的内容，如 Violence（暴力）、Blood and Gore（血腥）、Sexual Content（性）、Gambling（赌博），消费者可根据这些内容信息，作出选择。与 ESRB 相似的游戏分级组织还有日本的电脑娱乐分级组织（Computer Entertainment Rating Organization，简称 CERO），欧洲的欧洲互动软件联盟 ISFE（Interactive Software Federation of Europe）。ISFE 制订的最新泛欧洲游戏信息系统 PEGI（Pan Europe Game Information），它已经在欧洲的西班牙、比利时、丹麦、芬兰、法国、德国、爱尔兰、意大利、英国、挪威、波兰等 16 个国家全面启动。[①] 韩国网络游戏企业刚刚起步之时也发生过青少年沉迷网络游戏的问题，为保护未成年人，韩国政府在国内实施游戏分级制度，并采用实名制来保证分级制度的有效运行。此外，韩国还制定了游戏企业延伸责任制，如果玩家因玩某个游戏出现了诸如自杀的问题，企业应该承担相应的赔偿责任。现在，韩国网络游戏业已逐步走向成熟，网络游戏产业已成为韩国的支柱产业之一，相关产业链价值甚至

---

① 张晨、马良："网络分级：必须还是多余？"，《中国媒体科技》，2004 年第 12 期，第 37~39 页。

超过了汽车业，位居亚洲网络游戏排行榜首位。[①]

对 ISP 的管理涉及两个层次的管理，第一个层次是 ISP 应用技术手段对网络用户的管理。第二个层次是政府主管部门应用法律强制手段对 ISP 的监管，就是监督 ISP 履行应用技术手段对网络用户进行管理的义务。英国、德国和法国对 ISP 监管的制度值得我国借鉴。英国互联网监察基金会是由英国的网络服务提供商（ISP）们在政府的间接引导、影响乃至压力下，于 1996 年自发组成的一个行业自律组织，基金会受到了英国政府的鼓励和支持。主要工作是搜寻网络上的非法信息（主要是儿童色情资料），并将发布这些非法信息的网站通知给网络服务商，以便服务商采取措施，阻止网民访问这些网站，从而使网络服务商避免被指控故意传播非法信息而招致法律制裁的危险。德国的《多媒体法》自 1997 年 8 月 1 日起生效，该法对不同类型的 ISP 规定了不同的责任形式。网络内容服务提供者要对自己提供的内容负责；网络中介服务提供者，若提供的是他人的内容，只有在了解这些内容，并在技术上有可能阻止而且不超过其承受能力的前提下，对其传播的信息内容负责；网络接入服务提供者，只是为他人提供的内容提供传播途径，不可能了解这些内容，不对其传播的他人的信息内容负责。1996 年 6 月，法国的《菲勒修正案》规定，网络接入服务提供者，违反技术规定，为进入已存异议的内容提供信道，或在知情的情况下为被控告的服务进入网络提供信道，则追究其法律责任。这一规定可以认为是对德国相关规定的一个补充。

（2）我国消解网络技术人本负价值的相关立法与立法建议

在防范网络色情信息保护未成年人利益方面，我国立法主要有：全国人大常委会于 1991 年通过的《未成年人保护法》、全国人大常委会于 1999 年通过的《预防未成年人犯罪法》，由于上述法律中有关的规定相对来说较少，规定过于原则，其针对性和可操作性有待提高。有害信息污染问题与信息泄密、信息破坏与信息侵权问题同属信息安全问题，有害信息防治法律制度是《信息安全法》的重要组成部分之

---

① 陈亚南：“网游，天使与野兽的终级 PK？”，《特别关注》，2005 年第 10 期，第 8～11 页。

一。如前所述，2003 年"两会"期间，部分代表提议制定信息安全法，掀起了我国探讨构建以《中华人民共和国信息安全法》为基本法的信息安全法律体系的热潮。笔者认为，《信息安全法》将《未成年人保护法》、《预防未成年人犯罪法》的原则性规定具体化，而相对于《治安管理处罚法》、《刑法》关于有害信息犯罪的法律规定，界定 ISP 法律责任的行政法规、部门规章和司法解释，管理网络游戏的行政法规而言，《信息安全法》也只能作一般性和原则性的规定。这表明《信息安全法》处于承上启下的中间层次的法律位阶之中。

对于赌博和淫秽色情活动，我国在《计算机信息网络国际联网安全保护管理办法》、《治安管理处罚法》规定有拘留、罚款，劳动教养等行政责任，并且规定"构成犯罪的，依法追究刑事责任"。对于构成犯罪的赌博和淫秽色情活动，《刑法》规定有赌博罪（303 条）、制作、复制、出版、贩卖、传播淫秽物品牟利罪（363 条）、传播淫秽物品罪（364 条）、组织淫秽表演罪（365 条）。由于《刑法》的上述条款并没有涉及运用网络媒体技术从事赌博和淫秽色情活动如何适用《刑法》的问题，而网络赌博、利用网络传播淫秽色情信息、利用网络视频功能组织淫秽表演等社会问题层出不穷，所以，最高人民法院和最高人民检察院联合出台了两个司法解释，对利用网络技术从事赌博、淫秽色情活动如何适用《刑法》有关条款定罪量刑作出了具体的规定。这两个司法解释是 2004 年 9 月 2 日通过的《最高人民法院、最高人民检察院关于办理利用互联网、移动通讯终端、声讯台制作、复制、出版、贩卖、传播淫秽电子信息刑事案件具体应用法律若干问题的解释》、2005 年 5 月 8 日通过的《最高人民法院最高人民检察院关于办理赌博刑事案件具体应用法律若干问题的解释》。笔者建议，在修改《刑法》之时、将上述两个司法解释中的内容纳入《刑法》之中。在《信息安全法》中作原则性的规定，即"上述行为构成犯罪的，依法追究刑事责任"，与《刑法》相互衔接。

对于 ISP 的法律责任，我国在一些行政法规、部门规章和司法解释中已有一些相关的规定。国务院 1997 年 5 月 20 日修订颁布的行政法规《计算机信息网络国际联网管理暂行规定》，对接入服务提供者成立的条件、办理许可作出了规定，从已经作出的判例来看，接入服务提供者一般对其不了解的他人信息内容不承担法律责任。国务院 2000 年 9 月 25 日颁布的行政法规《互联网信息服务管理办法》，对网络内容提供者规定了两项义务：①保证所提供的信息是合法的义务，②协助调查的义务。信息产业部 2000 年 10 月 8 日颁布的部门规章《互联网电子公告服务管理规定》对网络主机服务提供者主要规定了两项义务：①监控义务，②协助调查的义务。在 2000 年 11 月 22 日通过，2003 年 12 月 23 日修改的《最高人民法院关于审理涉及计算机网络著作权纠纷案件适用法律若干问题的解释》对 ISP 单独或共同侵犯网络著作权的情形作出了规定。笔者认为，我国可以借鉴英国、德国和法国对 ISP 监管的制度，在《信息安全法》中对不同类型的 ISP 的法律责任作出一般性的规定，并在有关的行政法规、部门规章和司法解释中作出具体的规定，在政府主管部门监督下由各类 ISP 行业协会督促所属的 ISP 履行其法定义务。

对于网络游戏中有害信息的防治，笔者有如下建议：①在《信息安全法》中对网络游戏分级制度、上网实名制度、游戏企业延伸责任制度等作出一般性的规定，制定《网络游戏管理条例》，修订《互联网上网服务营业场所管理条例》，将上述一般性规定具体化。②为了防止外国网络游戏对中国消费者特别是青少年的危害，也为了协调国内网络游戏产业与社会公众利益的关系，制定并实施网络游戏分级制度是必要的。但是，不同于国外网络游戏的分级，我国应当增设一个级别，即绝对禁止级，对于充斥暴力、淫秽色情、赌博、迷信等有害信息极其不健康的网络游戏，政府有关主管部门应当查封或销毁，禁止任何人去消费。这与禁绝毒品，而允许烟、酒等一些容易形成瘾癖的商品消费是一样的道理。③将上网实名制与守护神网吧管理软件结合适用，对于开设多个账号、多款游戏接龙疯玩的消费行为加以遏制，纠正不健康的网络游戏消费行为。④为了保护消费者特别是未成年消费者的权益，对于网络游戏致人自杀[①]、自残、伤害他人等恶性案件应

---

① 郑褚："关于网游的'猫捉老鼠之战'"，《中国新闻周刊》，2005 年 11 月 21 日，第 32~34 页。

当采取无过错责任以及举证责任倒置等有利于消费者的法律制度。此外，还可以设立网络游戏强制责任保险制度，让获取利润的游戏企业对网络技术的负向价值支付一定的保险费用，以补偿网络技术负向价值给社会公众造成的损害。这样既有利于网络游戏产业的长久发展，也有利于社会公众利益的保护。⑤加强游戏软件的知识产权保护，打击"私服"等软件盗版侵权行为，维护正当游戏企业的利益，也使防沉迷系统更好地发挥其作用。

6.4　网络技术负向价值的伦理消解

6.4.1　网络技术负向价值的伦理消解概述

6.4.1.1　网络伦理学概述

在技术方法与法律方法之外，伦理方法也是消解网络技术负向价值的重要方法。因为，伦理方法可以弥补技术方法、法律方法的不足之处，它与技术方法和法律方法相辅相成，共同完成网络技术负向价值的消解任务。其实，伦理方法的研究现已发展成为伦理学中的一个重要研究领域——网络伦理学。

网络伦理学的前身是产生于 20 世纪 70 年代的计算机伦理学。20 世纪 70 年代中期，著名应用伦理学家 W. 迈纳（W. Maner）提出，计算机伦理学应当作为哲学的一个独立学科而存在。迈纳对计算机伦理学的含义进行了初步的说明，他认为计算机伦理学是运用传统哲学原理研究计算机应用中产生的伦理问题的学科。迈纳阐述了建立计算机伦理学这一独立学科的必要性和可行性，并率先将自己的理论用于教学实践，开设了计算机伦理学课程。迈纳关于计算机伦理学的理论及其教学实践对于计算机伦理学最终发展为伦理学研究的一个独立领域起到了至关重要的推动作用。20 世纪 70 年代末期，计算机伦理学作为一门新的应用伦理学学科在西方最终得以确立。此后，西方的计算机伦理学研究日渐繁荣，并逐步走向完善。20 世纪 90 年代中期，伴随国际互联网的出现，在原有计算机伦理学研究的基础上，近些年来，网络伦理研究异军突起且发展迅速。网络伦理研究与计算机伦理研究既有相似、重合的地方，又有不同之处。网络技术实际上以计算机技术为基础，因此，有不少网络伦理问题，可以化约为计算机伦理问题。但是，由于互联网把不同国度、不同文化背景的计算机用户连接在一起，这就可能导致某些以往的计算机伦理学未曾关注的新问题，例如，如何看待和处理不同文化背景的人们相互交往中的伦理冲突？不同国度的计算机用户是否应确立共同的道德准则？等等。

对应于理论伦理学与实用伦理学，网络伦理学分为网络理论伦理学与网络实用伦理学。网络实用伦理学是在网络理论伦理学理论的指导下，解决网络技术在特定领域中应用所引发的伦理问题的一个实用伦理学分支领域。这些特定领域包括，网上有害信息防范、电子商务、电子政务、网络教育、网络交往等。网络理论伦理学是对网络实用伦理学具体实践经验的概括与总结，并指导网络实用伦理学具体伦理规范的制定、适用与落实；网络实用伦理学为网络理论伦理学的理论提供实践性的素材，并将网络理论伦理学的理论具体化为可操作性的具体网络伦理规范，调整网络技术在不同应用领域中所产生的权利义务关系。网络实用伦理学与网络理论伦理学有机结合，才能形成网络伦理学科学的、完整的理论体系。

那么，网络伦理与现实伦理的关系是怎样的？一种观点认为，互联网改变我们的生活方式和交往方式，出现了不同于现实伦理的网络伦理，认为这两种伦理有着本质性的区别，网络伦理持有与现实伦理不同的标准。他们说："网络传播所形成的伦理观完全改变了以往人们长期形成的伦理规定，网络媒介有自己的伦理道德和自律方式。"① 一份《电子计算机空间独立宣言》如此宣称："你们不知道我们的文化、我们的伦理，或那些已经使我们的社会更有序的未成文的法律，它比你们所强加的任何秩序都更有序。我们正在形成我们自己的社会契约。这种统治将不是根据你们的世界，而是根据我们的世界的条件而产生。

---

① 对传统伦理的冲击：信息技术与人类社会的未来［EB/OL］，http://www.bentium.net，2000 - 10 - 4。

我们的世界是不一样的。"① 另一种观点则认为，"网络伦理是社会伦理在网上的延伸、扩展与运用，网络伦理是现实伦理的一种特殊表现形式，就像职业道德之于社会伦理道德一样。"② 笔者认为：网络伦理与现实伦理的伦理关系的主体都是现实社会中的人，它们都是现实社会中的人基于网络技术所形成的以权利义务为主要内容的一种伦理关系。在网络伦理理论层面（见第6章第4节第2目第1点），网络伦理与现实伦理是完全相同的；在网络伦理理论指导下的网络伦理原则层面（见6章第4节第3目第1点），网络伦理原则与现实伦理原则基本上是相同的；而在网络伦理规范（见6章第4节第4目第1点）层面，由于互联网的技术性、全球性、虚拟性、无中心性等特点，使网络伦理在现实伦理的基础上产生了自己的特点。以网络游戏开发者、传播者利用"电子鸦片"危害青少年身心健康、扰乱社会秩序的行为为例，可以看到：个人自由权利与社会公共利益和他人权利平衡关系的理论是现实伦理与网络伦理共同的理论；尊重公共权力的原则、尊重私人权利的原则、互惠原则、无害原则、知情同意等现实伦理中的伦理原则也适用于网络伦理，只是在网络伦理中有不同的表述。由于网络的技术性，网络伦理规范不同于现实伦理规范，美国计算机伦理协会制定的著名的十条戒律之一"你不应用计算机去伤害别人"，体现出了网络伦理规范的特殊性。

关于网络伦理的特点，不同的学者有不同的理解，笔者认为，相对于现实伦理，网络伦理主要有两个特点，即技术性与全球性。技术性是实现全球性的手段，而全球性是技术性所要实现的目标，这是因为，网络技术是顺应经济全球化的需求而产生并被广泛应用的，它是进一步推进经济全球化的具有革命性的生产力。在网络伦理理论层面，网络伦理与现实伦理是完全相同的。网络伦理的技术性与全球性主要体现在网络伦理原则、网络伦理规范这两个层面上。

（1）网络伦理的技术性

---

① 陆俊：《重建巴比塔——文化视野中的网络》，北京出版社1999年版，第236页。
② 毛勤勇："网络伦理不能独立于社会伦理"，《人文杂志》，2001年第6期，第138～141页。

在网络伦理原则的层面上，由于网络技术的特点，使网络伦理与现实伦理基于不同的技术环境，而使它们共同具有的各项原则体现出不同的表述与要求。比如：互惠原则在现实伦理中，基于物理空间的道路这一现实的基础环境，可被表述为"红灯停，绿灯行"；而在网络伦理中，基于信息高速公路这一虚拟的技术环境，互惠原则则要求网络伦理主体应当保持相互之间权利义务关系的平衡。在网络伦理中，尊重公共权利原则表述为尊重公共信息安全、公共网络基本社会公德等；尊重私人权利原则可以表述为尊重网络隐私权、网络知识产权、网络公平竞争权、网络知情权、网络参与权等网络主体经济、政治方面的基本人权；公正原则则要求针对"数字鸿沟"所引发的社会各阶层的不平等，确立网络时代政治、经济权利的公正分配制度；兼容原则则基于网络技术的全球性，要求国际组织、国家间制定国际公约以确立普世的网络伦理规范为电子商务、网络人际交往提供最底线的道德标准；无害原则要求所有网络技术的使用者都不得利用技术去做"己所不欲"的事情；知情同意原则要求在电子商务、电子政务以及网络交往过程中尊重其他网络主体的知情同意权。

在网络伦理规范层面，基于网络伦理的技术性，网络伦理规范中频繁出现"计算机"、"网络"、"软件"等词汇。比如，美国计算机伦理协会制定的十条戒律中就大量出现"计算机"这一词汇，表现出网络伦理规范鲜明的技术性特点。

（2）网络伦理的全球性

网络技术的广泛应用已使地球逐渐被浓缩为村落，使网络伦理具有了开放和求同存异的特点。各个国家、各个地区有着不同文化背景和伦理观念的人们在"地球村"里的交往，必然导致不同的伦理观念、伦理规范的冲撞与融合，由此形成的求同存异的特点体现在网络伦理原则、网络伦理规范这两个层面上。

在网络伦理原则层面，网络伦理具有兼容性，即在网络自然状态的自由交往与矛盾冲突中，必然会自发形成具有兼容各种伦理观念、伦理规范的普世的底线的网络伦理观念与网络伦理规范。从自组织理论的视角来看，自发形成的具有兼容性的普世的底线伦理规范，是网络人际交往从无序到有序，又在新的技术推动下从有序到新的无序的循环往复发展的必然的历史过程。

在网络伦理规范层面,网络伦理的全球性特点,使网络伦理规范分为两个层次:第一个层次是体现为国际公约的底线普世伦理规范,第二个层次是各个国家、各个地区的特殊网络伦理规范。比如:在网络版权方面,普世伦理规范体现在两个互联网版权公约 WCT、WPPT 之中,而各个国家也在承认国际公约所规定的底线网络伦理规范的基础上,制定出具有本国特色的国内网络伦理规范。当然,由于网络版权是一种重要的民事权利,这些网络伦理规范都已体现在法律规范之中。

6.4.1.2 网络伦理在消解网络技术负向价值中的作用

在消解网络技术负向价值方面,技术、法律和伦理方法各有其优缺点,需要相互补充才能更好地完成消解任务。

相对于法律消解方法,技术消解方法具有以下优点:(1)可以弥补执法人员人数欠缺的缺陷。例如,ISP 及其用户的数量较多,执法人员的数量较少,因而偶尔的几次突击检查也只能查出个别的违法者,而放纵了大多数违法的 ISP。[①] 如果采用了管理系统软件,有关主管部门对 ISP 进行实时监控,会在一定程度上缓解执法人员人数不足的压力。(2)由于技术手段可以避免执法人员由于生理、心理等原因造成的工作疏忽,也不可能像执法人员那样可能去办人情案,因而在执法方面效率较高、也较为公正。(3)有些情况,事先投入一定的资金采取技术防范措施,可能要比事后获得法律的救济投入要少。但是,技术方法也有其局限性。(1)任何技术防范措施都不是绝对安全的,都有可能被突破。比如:上文提到的防火墙技术,就存在着很多方面的不足,它不可能提供绝对的网络安全环境。(2)有时,虽然有较好的技术防范措施,但是由于价格过高、使用中的疏忽或者缺乏使用技能等因素,使该技术防范措施不能得到使用或者有效地加以使用。在技术方法无能为力之时,法律方法的规范、强制(补救)、惩罚与警示等作用就可以派上用场了。

---

① Graham G: The Internet: *A Philosophical Inquiry*, London: Routledge. 1999. 108～114.

　　是否有了技术方法和法律方法就足以消解网络技术的负向价值呢？回答是否定的。因为，虽然法律方法具有国家强制性、具体可操作性等优点，但是，法律方法也有其局限性，需要伦理方法予以补充，二者相得益彰，共同履行消解职能。需要伦理方法予以补充的法律方法的局限性体现在以下几个方面：（1）网络的技术性特点，使得法律方法的消解效率较低。第一，网络交往的身份虚拟性特点，给违法与犯罪行为的追究带来了很大困难。第二，网络数字化信息极易被删除、篡改，也给违法与犯罪行为追究的取证工作带来了很大困难，据统计，网络犯罪的破案率很低，达不到10％。第三，网络具有跨越国界的特点，而法律是反映主权者意志的强制性行为规范，没有域外效力。这样就给越境违法犯罪行为的追究带来了困难。所以，加强网络伦理的宣传与教育，提高网络技术使用者、开发者、管理者的道德水平，使他们自觉自愿地约束自己的言行，可以弥补网络法律执行效率低的不足。（2）网络信息的特点，法律消解方法的完全适用不可能或者没有必要。第一，"网上信息是海量的，即使是被禁止的信息都较难分级标注，何况其他类型的信息"① 所以，笔者认为，应当将网络信息产品分为监管信息产品与非监管信息产品，前者包括网络游戏软件、数字化教学课件、数字化政治宣传品等；后者指上述监管信息产品以外的其他信息产品。对监管信息产品的开发与传播设立许可制度，即采用法律方法予以管理；对于非监管信息产品，采取技术方法与伦理方法相结合的方式进行管理。第二，由于色情信息与美感信息或艺术信息难以区分，色情信息是否可以诱发性犯罪存在疑问，各国对色情信息的界定存在较大差异等因素，有学者认为色情信息与有害信息是不同的。② 就网上色情信息执法的侧重点来看，各国着重打击危害儿童身心健康的网上色情信息以及制作、传播网上色情信息的行为，对于其他网上色情信息以及窥视网上色情信息的行为，一般由有关部门采取批评和教育的伦理方法来处理。可见，对于网上有害信息和色情信息的管理，法律方法和伦理方法是各司其职的，法律消解方法的完全适用

---

① Graham G：The Internet：*A Philosophical Inquiry*，London：Routledge. 1999. 108～114.

② Graham G：The Internet：*A Philosophical Inquiry*，London：Routledge. 1999. 103～128.

是没有必要的。（3）巨大利益的诱惑总会使一些人铤而走险，也会使政府部门采取诸如分级等折中方法来管理网络，比如，网络色情业和网络游戏产业发展成为电子商务中最为赚钱的产业，就充分表明法律方法消解网络技术负向价值的有限性。网民自律和行业自律远离网络色情、开发有益于身心健康的网络游戏，表明伦理方法消解网络技术负向价值的必要性。

综上所述，技术、法律方法的局限性，表明基于技术方法，法律方法等他律方式难以有效地消解网络技术的负向价值，以内心自觉自愿遵守网络行为规范的道德自律方式就显得十分必要，因为"自律是道德所独有的"。① 此外，追求的道德也是法律方法所不具备的。美国法律哲学家富勒在《法律的道德性》一书中，阐述了与法律相关的两种道德，即义务的道德和追求的道德。② 义务的道德是维护基本社会秩序的道德的底线，属于最基本的道德规范，这些道德规范都需要制定为法律。因此，可以说义务的道德规范（低层的道德规范）与法律规范是重合的。追求的道德则要求人们尽自己的最大努力去行事，去追求完美，追求的道德是高层次的道德。人们不遵守义务的道德要受到谴责，而未达到追求的道德所要求的境界，只会使人们感到惋惜。可见，伦理方法不仅仅在于消解网络技术的负向价值，而且它的重要作用还在于能够促进网络技术正向价值的充分实现。比如，行业协会出台的对含有敏感信息的网络游戏软件的分级标准，目的在于消解网络技术的负向价值；而行业协会组织的对含有健康向上内容的网络游戏软件评优活动，则有助于网络技术正向价值的充分实现。

关于何谓"道德自律"，康德的伦理哲学以及我国儒家的"慎独"思想，都有注解。康德认为，对"绝对律令"的遵守是绝对的，不考虑结果的。以"不说谎"为例，无论什么情况都要践行"不说谎"这一"绝对律令"，即使"不说谎"可能带来不利的结果。此外，康德还认为，"不说谎"是发自内心的对"绝对律令"的遵守，而不是害怕说谎会给自己带来不利的后果而不说谎。儒家的"慎独"思想出自

---

① 张震：《网络时代伦理》，四川人民出版社 2002 年版，第 369、286 页。
② 刘权德：《西方法律思想史》，中国政法大学出版社 1996 年版，第 10～20 页。

《礼记·中庸》，并经历代儒家学者、官员的阐释而形成的一种培养自身道德修养的好方法。其中心思想是，把无人处当有人处对待，假如在无人注意的暗处、独处之时都能谨言慎行，那么在有人注意、与他人相处之时，就能很好地表现出良好的道德修养来。可见，道德自律就是发自内心的、没有任何外在强制的情况下，自觉自愿地遵守有关的行为规范。

如何使更多的网络主体能够以自律方式来遵守网络伦理规范呢？途径也许是唯一的，也就是"通过教育实现社会化，使人们满足各种需求而采取的行动符合社会规范的要求"。① 由于 70% 到 80% 的网民都是 35 岁以下的青少年，因而网络伦理教育的对象主要是青少年。网络伦理教育的内容包括网络伦理理论、网络伦理原则与网络伦理规范的掌握与适用。网络伦理教育的形式有传统的形式，也有新出现的新形式——网络德育。网络德育是指运用计算机技术和网络技术的手段，围绕现代德育目标和内容，开展德育管理和一系列德育活动的过程。目前，网络德育还是网络教育中的处女地。网络德育的内容可以包括德育信息库、网上德育课、网上社会实践、网上心理健康教育、网上家庭教育指导、网上德育训练基地、网上文化论坛、网上择业指导等。网络伦理教育的方法很多，可以结合案例来阐述抽象的网络伦理理论、网络伦理原则与网络伦理规范；还可以运用多媒体技术、虚拟现实技术编排网络伦理教学课件以及网络伦理游戏软件，"将'教'的内容寓于'玩'的形式中"，"提高青少年的道德品质，升华道德境界"。② 此外，开展一系列弘扬网络文明风尚的课外活动，也是网络伦理教育的重要方法之一。

网络伦理学是由网络伦理理论、网络伦理原则、一般网络伦理规范、特殊网络伦理规范构成的学科体系，下文将从网络伦理理论、网络伦理原则、网络伦理规范（分为一般网络伦理规范和特殊网络伦理规范）这几个方面，阐述一下网络伦理在消解网络技术负向价值方面的作用。

---

① Graham G：The Internet：*A Philosophical Inquiry*，London：Routledge. 1999. 103～128.
② 吕耀怀：《信息伦理学》，中南大学出版社 2002 年版，第 141 页。

6.4.2　网络伦理理论及其在消解网络技术负向价值方面的作用

6.4.2.1　网络伦理理论概述

网络伦理关系也是现实社会中的伦理主体所形成的社会关系，因而网络伦理与现实伦理具有相同的哲学理论基础。

在西方社会中影响最大的经典伦理理论是，以边沁和密尔为代表的功利主义，以康德和罗斯为代表的义务论，以霍布斯、洛克和罗尔斯为代表的权利论，美国网络伦理学家戴博拉·约翰逊和斯平内洛在他们的著作中，都分别将这三大经典伦理理论，作为他们构建网络伦理学的基础。①

我国的伦理学理论是在马列主义、毛泽东思想、邓小平理论以及"三个代表"伟大思想的指导下的马克思主义的伦理学理论。由于网络伦理的全球性、开放性特点，运用马克思主义的伦理学理论，特别是自由与限制的理论，批判借鉴西方三大经典伦理理论，笔者认为，平衡个人权利与公共权利和他人权利的关系的理论是现实伦理与网络伦理共同的哲学理论基础（下文简称权利平衡理论）。把握这一理论应当明确以下几点。

（1）权利平衡理论的出发点与归宿

资产阶级启蒙思想家及其以后的其他思想家都普遍认可，观念上、法律上人人平等的自由权利是权利平衡理论的出发点与归宿。资产阶级启蒙思想家将其表述为"天赋人权"，功利主义将其表述为"最大多数人的最大幸福"以及"避苦求乐"的功利，弗洛伊德和马斯洛将其表述为"人类与生俱来的欲望与需求"，被誉为"20世纪的洛克"的美国当代著名的哲学家、伦理学家罗尔斯将其表述为"自由权利的平等原则"。当然，较之其他思想家，罗尔斯的理论贡献还在于，他指出：事实上人与人之间在经济、政治地位的不平等是一个无法回避的社会现实，如何正视不平等的社会现实并寻求人们之间权利义务方面的合理分配才是具有现实意义的。罗尔斯提出了一个他认为是合理的

---

①　王正平："西方计算机伦理学研究概述"，《自然辩证法研究》，2000年第10期，第39～44页。

分配方案：在政治上，每个人获得政治权利的机会应尽可能地平等，并且使拥有更多政治权利的人的个人权利受到更多的监督与制约；在经济上，社会经济制度的设计应保证最小受惠者享有最低工资与基本生活保障，这样做才能在维护社会稳定、提高社会购买力的基础上，保持国民经济的稳步发展。

（2）权利平衡理论的哲学本质

在理论上确立了人人平等享有的各种自由权利的同时，西方思想家也普遍地看到了权利的实现必须以责任或义务为前提这一规律，这就是权利平衡理论的哲学本质——自由与限制关系的理论。"自由"是指人人平等享有的各种自由权利，"限制"是指保障各种自由权利得以行使的客观规律（必然性）、社会经济关系、法律、人的理性等。资产阶级启蒙思想家洛克、孟德斯鸠、卢梭等人，都论述了法律对自由权利限制的合理性。康德认为，自由是在理性规范的欲望支配下的行动，而不是仅仅在原始欲望支配下的行动，论述了人的理性对自由权利限制的合理性。马克思批判地继承洛克、孟德斯鸠、卢梭、康德等人的观点，不仅仅认识到"法律不是压制自由的手段"① 而且进一步指出，法律不能任意地规定自由的界限、法律所规定的自由的界限应该以自由的自身界限为基础，"自由的自身界限"就是哲学上和政治上对自由予以限制的各种因素，如客观规律（必然性）、社会物质条件、社会关系、历史条件、阶级关系等，这样就把自由与限制的理论建立在唯物主义的基石上。

（3）权利平衡理论的物质基础

马克思历史唯物主义认为，伦理理论、伦理原则与伦理规范，是从社会成员的个体利益、集团利益和公共利益中衍生出来的，是一定社会经济关系所决定的个人与他人、个人与社会之间的权利义务关系，社会经济关系是伦理理论、伦理原则与伦理规范的物质基础，作为伦理学基础理论的权利平衡理论必须遵循这一历史唯物主义原理。马克思正是运用这一历史唯物主义原理对功利主义伦理学进行评论的。功

---

① 马克思、恩格斯：《马克思恩格斯选集》第 1 卷，人民出版社 1963 年版，第 71 页。

利主义伦理学（法学）创始人边沁提出将"为最大多数人谋取最大的幸福"作为功利主义伦理规范、法律规范确立的原则。马克思从历史唯物主义的观点出发对边沁的思想作出了评论：功利主义学说清楚地"表明了社会的一些现实关系和经济基础之间的联系"。① 马克思同时指出，资本主义的经济关系决定了资产阶级的伦理规范与法律规范是服务于资产阶级利益的，功利主义所宣扬的"为最大多数人谋取最大幸福"在资本主义社会是不可能实现的。

（4）权利平衡理论的动力模式

维护旧体制的伦理体系会被新的伦理体系所扬弃，这就是权利平衡理论的动力模式。由于社会利益集团之间利益关系的对立统一，体现各利益集团利益的伦理理论、伦理原则与伦理规范具有相对性、甚至对立性；同时也在某些方面存在一致性，这些方面主要指基于民族文化传统长期所形成的风俗习惯、道德观念、以及与公共利益（如环境资源、人口、基本的社会公德等）相关的伦理规范等。新旧伦理体系的相对性与一致性，使新旧伦理体系的更替表现为扬弃。

6.4.2.2 网络伦理理论在消解网络技术负向价值方面的作用

（1）网络无政府状态下的自由权利需要适当限制

网络技术给人们提供了一个有别于物理现实时空的虚拟现实时空，人们基于网络交往平台形成了许多新型的社会关系，调整这些新型社会关系的网络伦理规范和网络法律规范处于一种空白状态、或萌芽状态、或不完善状态，因而就出现了一个"处于无政府的状态的互联网"。② 在处于无政府状态的虚拟现实时空，如果对每个网络交往主体的自由权利都不加以限制，那么，每个网络交往主体都很难真正享有本属于他们自己的自由权利。正如孟德斯鸠所说的"如果一个公民能够做法律所禁止的事情，他就不再有自由。因为其他人也同样有这个权利。"③ 因为网络虚拟时空的交往在本质上仍然是现实社会中的人以网络为媒介物的交往，所以自由与限制的理论、权利平衡理论，不仅

---

① 马克思、恩格斯：《马克思恩格斯选集》第 8 卷，人民出版社 1963 年版，第 484 页。

② Graham G：The Internet：*A Philosophical Inquiry*，London：Routledge. 1999.84.

③ ［法］孟德斯鸠：《论法的精神》，商务印书馆 1961 年版，第 154 页。

适用于现实交往时空，也同样适用于网络虚拟交往时空。有必要运用网络伦理规范和网络法律规范，对每个网络交往主体的自由权利加以适当地限制。

（2）网络伦理理论有助于自律精神的培养

网络技术和网络法律的局限性，以及网络交往的虚拟性，表明网络交往主体的网上行为由于缺乏外在他律的监督，更加强调道德自律的作用。而网络伦理理论的宣传教育，有助于网络交往主体自律精神的培养。那么，如何让广大的理论素养较低的普通网民和占有相当比例的未成年网民，理解深奥的自由与限制理论和权利平衡理论呢？笔者认为，可以用普通的事例来说明深奥的哲学理论。康德在《纯粹理性批判》一书中举了一个例子，用来说明社会规则就如同帮助鸽子自由飞翔的空气一样，它是人们在社会中自由生活的保障，而不是一种障碍。康德写道："一只轻盈的鸽子扇动周围的空气自由地飞翔着，它感觉到了空气的阻力，可能它会想，如果我要是在真空中飞行，可能要比现在更容易一些。其实，鸽子并不知道，正是空气的阻力才使它能够自由地飞翔。"① 笔者认为，"红灯停，绿灯行"这个日常生活中的普通事例也足以说明权利（自由）与义务（限制）的关系。每个人都有平等的通行权，如果这项权利不加限制，那么在拥挤的十字路口就会出现大量的冲撞事件，设立信号灯，绿灯代表权利（自由），红灯代表义务（限制），每个人既是权利（自由）的享有者又是义务（限制）的承担者，有了"红灯停，绿灯行"的伦理规范和法律规范就能形成一个比较良好的公共交通秩序。

（3）网络伦理理论的宣传教育有助于网络法律的制定、适用与自觉遵守

上文提到的，以边沁和密尔为代表的功利主义，以康德和罗斯为代表的义务论，以霍布斯、洛克和罗尔斯为代表的权利论，是构建网络伦理学基础的三大西方经典伦理学理论。其实，上述思想家同时也是西方法理学（法哲学）家，他们的伦理学理论也深刻地影响着西方

---

① ［德］康德：《纯粹理性批判》，商务印书馆 1961 年版，第 47 页。

法律制度的确立,① 他们也必然成为西方网络法学的理论先驱。既然网络伦理理论与网络法律理论是同源的,那么网络伦理理论的宣传教育,必然有助于网络法律的制定、适用与自觉遵守。

6.4.3 网络伦理原则及其在消解网络技术负向价值方面的作用

6.4.3.1 网络伦理原则概述

网络伦理原则是体现网络伦理理论的要求,并具体指导网络伦理规范制定的必须遵循的第二层次的网络伦理理论或者较为原则性的网络伦理规范。笔者认为,从权利的类型来划分,网络伦理原则可以分为尊重公共权利的原则与尊重私人权利的原则。依具体内容来划分,可以分为公正原则、互惠原则、兼容原则、无害原则、知情同意原则。

尊重公共权利的原则要求网络主体的一切言行都必须尊重国家主权、社会公德、社会公共安全等公共权利。不过,私人权利较之公共权利具有更加基础性的地位,因而尊重私人权利的原则是网络伦理原则的出发点与归宿,必须警惕假借公共权利而抹煞私人权利的做法。

公正原则要求根据罗尔斯的正义理论,在认识到事实上的不平等与法律上的人人平等这一社会现实之后,合理地分配网络时代的政治权利和经济权利。互惠原则要求网络伦理主体认识到行使权利是因为他人向自己履行了相应的义务,履行义务是为了使他人能够行使权利。兼容原则要求不同国家的、不同组织的、不同文化背景的网络伦理理论、网络伦理原则与网络伦理规范应当求同存异,达成共同认可的"普世伦理"。② 无害原则要求以"己所不欲,勿施于人"和"人是目的不是手段"作为网络行为"有害"与"无害"的价值判断标准。知情同意原则要求充分尊重网络主体的知情同意权,尊重他们的真实意思表示的权利。

6.4.3.2 网络伦理原则在消解网络技术负向价值方面的作用

(1) 承上启下的作用

---

① 刘权德:《西方法律思想史》,中国政法大学出版社1996年版,第10~20页。
② 何怀宏:"一种普遍主义的底线伦理学",《读书》,1997年第4期,第76页。

承上启下的作用是指，网络伦理原则把抽象的网络伦理理论具体化，并且对制定网络伦理规范和法律规范具有指导意义。例如，面对网络信息共享与网络知识产权保护的利益冲突，符合网络伦理理论的指导，就是要提出平衡私人权利和公共权利的解决方案，具体而言，就是在公正原则和互惠原则的指导下，在制定具体网络伦理规范和法律规范之时，既要承认网络知识产权权利人的权利，又要对这些权利加以适当的限制以维护社会公众的利益。比如，在承认网络作品著作权人的信息网络传播权的同时，为了保障数字化图书馆公益目的的实现，对这项权利必须加以限制。

（2）弥补网络行为规范的空缺

网络行为规范主要包括网络伦理规范与网络法律规范。网络技术的发展日新月异，网络技术的应用所产生的新的网络技术负向价值也与日俱增，网络伦理规范的自发形成与制定，网络法律规范的制定都具有相对的滞后性，难以及时调整这些新出现的网络技术负向价值。此时，网络伦理原则就可以弥补网络伦理规范与网络法律规范的空缺。以下这个案例可以说明，网络伦理原则的此项作用。案例：黑客甲进入乙的信息系统，甲进入后并未实施任何破坏性活动，并且善意地告知乙其信息系统存在的漏洞，那么黑客甲的行为是否道德呢？根据无害原则，甲善意地告知乙其信息系统存在的漏洞不仅对乙无害，而且有益，所以这一行为是道德的；但是，根据知情同意原则，甲仍然是在他人未知情同意的情况下侵入了他人的信息系统，侵入行为当然是一种不道德的行为。就像未经他人同意，就进入他人住宅一样，虽然没有盗窃或者实施其他明显的违法行为，这种行为本身却侵犯了他人的居住权、安宁权或者隐私权。

6.4.4　网络伦理规范及其在消解网络技术负向价值方面的作用

6.4.4.1　网络伦理规范概述

网络伦理规范可以分为两类：一类是适用于所有网络社会关系的一般网络伦理规范、另一类是适用于特殊网络社会关系的特殊网络伦理规范。

目前，全球性的一般网络伦理规范并没有形成，有的只是各地区、各组织为了网络运行而制定的一些协会性、行业性的一般网络伦理规范。① 比较有名的，主要有美国计算机伦理协会制定的十条戒律和美国计算机协会制定的一般性计算机伦理道德规范。美国计算机伦理协会制定的十条戒律是：①你不应用计算机去伤害别人；②你不应干扰别人的计算机工作；③你不应窥探别人的文件；④你不应用计算机进行偷窃；⑤你不应用计算机作伪证；⑥你不应使用或拷贝你没有付钱的软件；⑦你不应未经许可而使用别人的计算机资源；⑧你不应盗用别人的智力成果；⑨你应该考虑你所编的程序的社会后果；⑩你应该以深思熟虑和慎重的方式来使用计算机。

由于法律是道德的底线，最基本的道德规范，即义务的道德规范② 必须制定为法律才能维护人类社会所必需的基本的社会秩序，这就使伦理规范与法律规范所调整的社会关系出现交叉重合现象。据此，特殊网络伦理规范分为底线的网络伦理规范和超底线的网络伦理规范。以行业协会出台的对含有敏感信息的网络游戏软件的分级标准为例，如果该标准与国家法定强制性标准基本相同，那么该标准属于底线的网络伦理规范；如果该标准高于国家法定强制性标准，那么该标准属于超底线的网络伦理规范。当然，该标准不得低于国家法定强制性标准，如果那样，就是违法的。特殊网络伦理规范包括自然生态、社会和人本三个层面的网络伦理规范。上文（见第6章第3节）阐述的消解网络技术生态负价值、社会负价值和人本负价值的网络法律规范都可归入底线的网络伦理规范。

6.4.4.2 网络伦理规范在消解网络技术负向价值方面的作用

在消解网络技术负向价值方面，一般网络伦理规范的作用体现在：

（1）弥补网络行为规范的空缺

在无特殊网络伦理规范和网络法律规范可以适用之时，可以适用体现网络伦理原则要求的一般网络伦理规范来消解新出现的网络技术负向价值。例如，有这样一个典型案例，互联网出现不久，甲网站未

---

① 张震：《网络时代伦理》，四川人民出版社2002年版，第369、286页。
② 刘权德：《西方法律思想史》，中国政法大学出版社1996年版，第10~20页。

取得作品权利人乙的许可也不支付报酬，就将乙的作品数字化后在网上以营利为目的向公众传播。问：如何将甲的行为认定为是一种不道德的网络侵权行为？此时，尚无特殊网络伦理规范和网络法律规范可以适用，这时就需要用体现网络伦理原则的一般网络伦理规范来分析评价这一新出现的网络技术负向价值。作品作为他人创作的智力成果，在网上以营利为目的向公众传播，应当取得作品权利人的许可并支付报酬，才符合公正原则、互惠原则、知情同意原则、无害原则等网络伦理原则的要求，美国计算机伦理协会制定的十条戒律之一"你不应盗用别人的智力成果"能够体现上述这些原则，作为一项一般网络伦理规范可以用来分析评判这一新出现的网络技术负向价值，将甲网站的上述行为认定为一种不道德的网络侵权行为。

（2）指导特殊网络伦理规范和网络法律规范的制定

由于用体现网络伦理原则的一般网络伦理规范来调整新出现的网络技术负向价值，缺乏明确性、可操作性与稳定性，应当在其指导下制定具体的特殊网络伦理规范和网络法律规范。运用网络伦理原则和一般网络伦理规范，将上述典型案例中甲网站的行为认定为一种不道德的网络侵权行为，只是一种定性的分析，缺乏明确性与稳定性；而且这个分析过程比较烦琐、可操作性不强。在体现网络伦理原则的一般网络伦理规范指导下，制定出特殊网络伦理规范"不得侵犯网络作品权利人的信息网络传播权"和网络法律规范"侵犯网络作品权利人的信息网络传播权，应当承担民事法律责任、行政法律责任和刑事法律责任"，具体行为规范的明确性、稳定性与可操作性的特点就体现出来了。

在消解网络技术负向价值方面，特殊网络伦理规范的作用体现在：

（1）弥补网络法律规范的不足

法律的相对滞后性，对于新出现的网络技术负向价值，会出现没有相应的网络法律规范可以适用的情形。例如，含有敏感信息的网络游戏软件给青少年的身心健康和社会秩序的稳定带来了很多负面的影响，在国家法定强制性标准出台之前，行业协会出台的对含有敏感信息的网络游戏软件的分级标准，作为底线的特殊网络伦理规范和超底线的特殊网络伦理规范就可以弥补网络法律规范的不足。此外，超底线的网络伦理规范由于高于国家法定强制性标准，在消解网络技术负向价值方面，会发挥更大的作用。

（2）可以将底线的特殊网络伦理规范制定为网络法律规范

较之一般网络伦理规范，特殊网络伦理规范更加明确、稳定与可操作；但是，较之网络法律规范，特殊网络伦理规范的明确性、稳定性与可操作性则略逊一筹。更为明显的区别在于，网络伦理规范没有国家的强制执行性，而是通过社会舆论的外在强制性和网民自律的内在强制性得到遵守。因此，如果底线的特殊网络伦理规范通过社会舆论和网民自律仍然得不到遵守，就有必要将其制定为依靠国家强制力保障实施的网络法律规范。此外，网络伦理具有相对性，比如，体现当权者意志的网络伦理规范与体现黑客亚文化群的网络伦理规范就存在很大的矛盾与对立。① 将体现当权者意志的底线的特殊网络伦理规范制定为网络伦理规范，遏制有背当权者意志的网络伦理规范的社会影响，有助于维护现有的统治秩序所确立的利益关系。在我国，当权者就是广大人民群众，将体现广大人民群众意志和利益的底线的特殊网络伦理规范制定为网络法律规范，有助于广大人民群众切身利益的保障。可见，底线的特殊网络伦理规范的作用，还在于它有必要转化为网络法律规范，通过国家的强制力保障实施，以消解网络技术的负向价值。

---

① 吕耀怀："论信息安全的道德防线"，《自然辩证法研究》，2000 年第 10 期，第 35 ~ 38 页。

结　语

笔者认为，网络技术价值二重性问题的研究，就是采用归纳与演绎相结合的科学研究方法，以技术与社会互动关系理论为视角，研究技术价值二重性的一般性理论问题，并在此基础上探讨网络技术价值二重性的特殊性理论问题。在这一总的研究思路指导下，笔者得出了以下几个方面可能具有创新性的研究成果：

第一，论述了马克思的技术价值二重性理论及其当代意义

通过梳理马克思技术价值观的研究成果，指出马克思的技术价值二重性理论的主要理论贡献在于：（1）将技术价值二重性理论的研究建立在辩证唯物主义和历史唯物主义的哲学理论基础之上。（2）资本主义社会制度是技术负向价值产生的根源，变革社会制度是消解技术负向价值的根本有效途径。

马克思的技术价值二重性理论的当代意义在于，它指明了技术价值二重性研究的理论方向，为批判地吸收各种理论观点提供了评判标准（当然这一评判标准的真理性也需要实践的检验）。只有深刻领会了马克思的技术价值二重性理论，才能把握正确的研究方向，才能运用马克思的技术价值二重性理论，去分析评价西方技术哲学家的技术价值二重性理论，剔除其唯心主义和形而上学的糟粕，并吸取其精华为我所用。也才能清楚地认识到，由于西方技术哲学家回避资本主义社会的根本矛盾，是无法真正找到消除资本主义社会技术负向价值实现（技术异化）的根本有效途径的。

第二，探讨了技术价值二重性的一般性理论问题

以技术与社会互动关系理论为视角，研究技术价值二重性的一般

性理论问题。技术价值二重性理论问题的研究由层层衔接的四个部分组成：（1）阐述体现在人类社会不同发展阶段的技术价值二重性的表象；（2）透过这些具体表象，分析技术价值二重性产生的主、客体原因；（3）探讨影响技术正向（和负向）价值向更高发展阶段实现的主、客体因素以及相应对策；（4）论述在保证技术正向价值充分实现的基础上，技术负向价值的尽力消解问题。

在研究技术价值二重性的一般性理论问题的过程中，取得了以下几方面的具体研究成果：（1）将技术正向价值的实现问题理解为技术价值二重性向更高发展阶段的实现问题。（2）将技术负向价值的消解问题理解为技术正向价值的充分实现与技术负向价值的尽力消解的协调问题。技术负向价值的消解问题，就是在追求技术正向价值实现的同时，兼顾技术负向价值的实现问题，问题解决的关键在于尽量达到一个最理想化的状态，即技术正向价值实现的最大化与技术负向价值实现的最小化。（3）从主体认识能力的角度，将技术负向价值分为可预见的技术负向价值和不可预见的技术负向价值。在此基础上提出，消解技术负向价值的途径有三个，即技术评估、技术负向价值的尽力消解以及更新与矫正失当的技术价值观。前两个消解途径针对的是导致技术负向价值的客体方面的原因，第三个消解途径针对的是导致技术负向价值的主体方面的原因。（4）从对立统一关系理论、生产力与生产关系的理论等哲学视角对技术价值二重性的本质属性进行了探讨。指出对立统一关系原理是技术价值二重性的本质属性，并进一步指出技术主体价值观的对立统一关系是生产关系变革的动力源。

第三，探讨了网络技术价值二重性的特殊性理论问题

网络技术价值二重性理论与技术价值二重性理论的共性在于，它也是由层层衔接的四个部分组成：（1）网络技术价值二重性的表象，（2）透过这些具体表象，分析网络技术价值二重性产生的主客体原因，（3）探讨影响网络技术正向（和负向）价值向更高发展阶段实现的主、客体因素以及相应对策，（4）论述在保证网络技术正向价值充分实现的基础上，网络技术负向价值的尽力消解问题。

网络技术价值二重性理论的个性在于，它在上述四个部分的特殊表现。

在研究网络技术价值二重性的特殊性理论问题的过程中，也取得了以下几方面的具体研究成果：（1）区分了两类不同性质的网络虚拟现实，并指出，网络虚拟现实是人类认识与实践的新领域。在上述研究成果的基础上进一步指出，网络虚拟现实的出现，也使技术价值二重性实现的领域，由原来单一的物理现实领域，变成物理现实领域和与物理现实领域有着密切关系的网络虚拟现实领域。（2）总结网络技术价值二重性的表象，提出"数字鸿沟"问题和网络安全问题是网络技术最具关键性的两个负向价值实现问题。（3）分析了产生网络技术价值二重性的主客体原因。（4）主要针对"数字鸿沟"问题，将具体科学的研究成果上升到技术哲学高度，探讨了阻碍网络技术正向（和负向）价值向更高发展阶段实现的主、客体因素以及相应对策。（5）针对导致网络技术价值二重性产生的主、客体方面的原因，在明确应当协调网络技术正向价值的充分实现和负向价值的尽力消解的关系基础上，探讨了如何综合运用技术、法律和伦理等方法来消解网络技术的负向价值问题以及这些消解方法之间的关系问题，力图解决以网络安全问题为关键性问题的网络技术负向价值的实现问题。

学海无涯，研究工作越是深入，遇到的问题也会越多。笔者在研究过程中，发现以下问题有待进一步探讨：（1）（网络）技术价值二重性产生的主、客体原因与影响（网络）技术正向（和负向）价值向更高发展阶段实现的主、客体因素之间的关系问题，（2）网络虚拟现实与技术价值二重性的关系问题，（3）如何深化对技术与社会互动关系理论的认识，以强化（网络）技术价值二重性问题的研究。笔者将在今后的研究工作中，进一步研究这些问题。也恭请有识之士，不吝赐教（maomuran@sina.com）。

本书的写作虽与笔者的辛勤劳动与研究能力密不可分，但是如果没有东北大学科技哲学研究中心的支持，本书无论从篇幅内容的数量上，还是学术创新的质量上，都不会像现在这样完善。所以，笔者必须向研究中心的各位老师致以最诚挚的谢意！

本书能够得以出版，当然离不开中国社会科学出版社的大力支持，所以向该社以及该社的编辑同志们表示真心的谢意！

最后，向所有给过我们帮助的人们，尤其是我们的领导、同事、家人和朋友，表示衷心的感谢！祝他们，好人一生平安！

主要参考文献

中文部分

1. 陈昌曙：《自然辩证法概论新编》，东北大学出版社 2000 年版。

2. 崔晓西：《流动的边界——网络与信息》，厦门大学出版社 2000 年版。

3.《墨子·兼爱下》。

4.《老子·五十七章》。

5. 班加明·法灵顿：《弗兰西斯·培根》，生活·读书·新知三联书店 1958 年版。

6. 马克思，恩格斯：《马克思恩格斯选集》第 19 卷，人民出版社 1963 年版。

7. 马克思，恩格斯：《马克思恩格斯选集》第 42 卷，人民出版社 1972 年版。

8. 马克思，恩格斯：《马克思恩格斯全集》第 47 卷，人民出版社 1980 年版。

9. 马克思，恩格斯：《马克思恩格斯选集》第 23 卷，人民出版社 1982 年版。

10.［德］黑格尔：《精神现象学》（下卷），商务印书馆 1997 年版。

11.［美］丹尼斯·米都斯等：《增长的极限——罗马俱乐部关于人类困境的研究报告》，四川人民出版社 1983 年版。

12.［德］F. 拉普：《技术哲学导论》，刘武等译，辽宁科学技术出版社 1986 年版。

13. ［德］霍克海默、阿多诺：《启蒙辩证法》，转引夏基松：《现代西方哲学教程》，上海人民出版社 1979 年版。

14. ［德］哈贝马斯：《走向一个合理的社会》，学林出版社 1970 年版。

15. ［德］霍克海默：《理性的失落》，转引夏基松：《现代西方哲学教程》，上海人民出版社 1974 年版。

16. ［美］马尔库塞：《反革命与造反》，重庆出版社 1972 年版。

17. ［美］马尔库塞：《单向度的人》，重庆出版社 1988 年版。

18. 马克思，恩格斯：《马克思恩格斯选集》第 3 卷，人民出版社 1974 年版。

19. 郑元景："马克思技术异化思想及其当代反响"，《福建农林大学学报》（哲学社会科学版），2003 年第 4 期。

20. 李世雁："自然中的技术异化"，《自然辩证法研究》，2001 年第 3 期。

21. 郭冲辰：《技术异化论》，东北大学出版社 2004 年版。

22. 刘文海："技术异化批判——技术负面效应的人本考察"，《中国社会科学》，1994 年第 2 期。

23. 张明仓："科技代价论"，《南京社会科学》，1999 年第 4 期。

24. 晏如松，张红："技术的决定论和社会建构论"，《陕西师范大学学报》（哲学社会科学版），2004 年第 10 期。

25. 李三虎："技术决定还是社会决定：冲突和一致——走向一种马克思主义的技术社会理论"，《探求》，2003 年第 1 期。

26. 徐刚："论技术发展的环境因素"，《福建行政学院福建经济管理干部学院学报》，1999 年第 2 期。

27. 金俊岐："论当代科学技术发展的社会规范"，《河南师范大学学报》（哲学社会科学版），2000 年第 6 期。

28. 邢怀滨："社会建构论的技术界定与政策含义"，《科学技术与辩证法》，2004 年第 8 期。

29. 陈凡，张明国：《解析技术》，福建人民出版社 2002 年版。

30. 刘钢："从信息的哲学问题到信息哲学"，《自然辩证法研究》，2003 年第 1 期。

31. 邬琨："亦谈什么是信息哲学与信息哲学的兴起"，《自然辩证法研究》，2003 年第 10 期。

32. 胡正群，王俭："积极应对欧盟电子绿色壁垒"，《中国检验检疫》，2005 年第 4 期。

33. 张景波编译："国外废旧电子信息产品污染防治状况简介"，《信息技术与标准化》，2004 年第 8 期。

34. 石玫："试论网络化信息生产力"，《情报杂志》，2003 年第 10 期。

35. 邬琨："网络民主与极权体制之间的价值冲突"，《科学技术与辩证法》，2001 年第 5 期。

36. 严小庆："透视网络民主的有限性"，《长白学刊》，2002 年第 2 期。

37. 刘玲媚："人网异化：异化的现代形式"，《探索》，2003 年第 3 期。

38. 巫汉祥：《寻找另类空间—网络与生存》，厦门大学出版社 2000 年版。

39. 陈昌曙，陈红兵："技术哲学基础研究的 35 个问题"，《哈尔滨工业大学学报》（社会科学版），2001 年第 6 期。

40. 黄南森等：《马克思主义哲学史》，北京出版社 1991 年版。

41. 赵敦华：《现代西方哲学新编》，北京大学出版社 2001 年版。

42. 邬琨，李琦：《哲学信息论导论》，陕西人民出版社 1987 年版。

43. 陈振明：《法兰克福学派与科学技术哲学》，中国人民大学出版社 1992 年版。

44. 全增嘏：《西方哲学史》（下册），上海人民出版社 1985 年版。

45. 胡心智："网络技术的哲学思考"，《马克思主义与现实》，1998 年第 5 期。

46. 黄小寒："从信息本质到信息哲学"，《自然辩证法研究》，

2001 年第 3 期。

47. 李志红："关于网络的哲学研究概况"，《哲学动态》，2002 年第 4 期。

48. ［德］H. 萨克塞：《生态哲学》，东方出版中心 1991 年版。

49. 陈昌曙：《技术哲学引论》，科学出版社 1999 年版。

50. 隆国强："中国政府职能转变的任务尤为艰巨"，《国研分析》，2002 年第 6 期。

51. 于风荣、王丽："电子政府与现代政府之比较"，《中国行政管理》，2001 年第 11 期。

52. 邢怀滨：《社会建构论的技术观》（东北大学博士论文），2002 年发表。

53. 许志晋："适用技术与可持续发展"，《中国软科学》，1998 年第 8 期。

54. ［美］卡尔米切姆：《技术哲学概论》，吉林人民出版社 1988 年版。

55. 王晓春：《网络问题的社会学分析》（东北大学博士论文），2001 年发表。

56. 董建新："对网络技术的三点哲学思考"，《津图学刊》，2000 年第 2 期。

57. 张青松："信息文明建设的哲学思考"，《理论探讨》，1997 年第 4 期。

58. 康敏："关于'Virtual Reality'概念问题的研究综述"，《自然辩证法研究》，2002 年第 2 期。

59. 杨富斌："虚拟实在与客观实在"，《社会科学论坛》，2001 年第 6 期。

60. 袁品荣："Virtual Reality 翻译种种"，《上海科技翻译》，1998 年第 3 期。

61. 乌家培：《信息经济》，清华大学出版社 1993 年版。

62. 孙雷：《信息技术人才成长特性分析》（东北大学博士论文），2002 年发表。

63. 陈永强："诚信——中国电子商务发展的瓶颈"，《杭州教育学院学报》，2002 年第 2 期。

64. ［美］拉斯韦尔·卡普兰：《权利与社会—政治学研究的框架》，美国耶鲁大学出版社 1950 年版。

65. ［美］马克·斯劳卡：《大冲突—赛博空间和高科技对现实的威胁》，江西教育出版社 1999 年版。

66. 谢宝富："当代中国选举制度若干问题分析"，《深圳大学学报》（人文社会科学版），2002 年第 1 期。

67. 赵晓红，安维复："网络社会：一种共享的交往模式"，《自然辩证法研究》，2003 年第 10 期。

68. ［美］亨利·H. 波利特："互联网对主权构成威胁吗?"，《印地安那全球法学研究学报》，1998 年第 5 期。

69. 汪玉凯，赵国俊：《电子商务基础》，北京中软电子出版社 2002 年版。

70. 陈力丹："论网络传播的自由与控制"［EB/OL］,http://www.cjr. sina. com, 2004 - 10 - 25。

71. 张怡："认识的技术和技术的认识"，载自《现代科技与哲学思考》，上海人民出版社 2004 年版。

72. 单美贤："虚拟现实与教育相结合的理论依据"，《开放教育研究》，2001 年第 6 期。

73. 胡敏中、贺明生："论虚拟技术对人类认识的影响"，《自然辩证法研究》，2001 年第 2 期。

74. 袁贵仁：《马克思的人学思想》，北京师范大学出版社 1996 年版。

75. 易丹：《我在美国信息高速公路上》，兵器工业出版社 1997 年版。

76. 季羡林：《东西文化议论集》，经济日报出版社 1997 年版。

77. ［美］西奥多·罗斯扎克：《信息崇拜——计算机神话与真正的思维艺术》，苗华健、陈体仁译，中国对外翻译出版社 1994 年版。

78. 李河：《得乐园·失乐园》，中国人民大学出版社 1997 年版。

79. 楚丽霞："关于网络发展的伦理思考"，《天津社会科学》，2000 年第 5 期。

80. 许榕生，刘宝旭，杨泽明：《黑客攻击技术揭秘》，机械工业出版社 2002 年版。

81. 段伟文：《网络空间的伦理反思》，江苏人民出版社 2002 年版。

82. ［美］戴维·申克：《在信息爆炸中求生存》，江西教育出版社 2001 年版。

83. 李兰芬："论网络时代的伦理问题"，人大复印资料《伦理学》，2001 年第 10 期。

84. ［美］大卫·雷·格里芬：《后现代精神》，王成兵译，中央编译出版社 1998 年版。

85. ［美］大卫·雷·格里芬：《超越建构：建设性后现代哲学奠基者》，王成兵译，中央编译出版社 2001 年版。

86. ［美］爱瑟·代森：《数字化时代的设计》，海南出版社 1999 年版。

87. ［美］比尔·伊格尔，凯茜·麦克卡：《在线营销》，毛世英译，辽宁教育出版社 2001 年版。

88. 田文英，宋亚明，王晓燕：《电子商务法概论》，西安交通大学出版社 2000 年版。

89. 寿步：《软件网络和知识产权》，吉林人民出版社 2001 年版。

90. 于炳贵，郝良华："全球化进程中的国家文化安全问题"，《哲学研究》，2002 年第 7 期。

91. 郦全民："软智能体的认识论蕴涵"，《哲学研究》，2002 年第 8 期。

92. 李建会："论数字生命的实在论地位"，《哲学研究》，2002 年第 12 期。

93. 何明升，李一军："网络生活中的虚拟认同问题"，《自然辩证法研究》，2001 年第 4 期。

94. 杜楚源："虚拟现实：新的实践领域"，《自然辩证法研究》，

2000 年第 11 期。

95. 陈小筑："电子信息技术发展对传统知识产权制度的挑战"，《科技与法律学刊》，1999 年第 1 期。

96. 李蓉："关于信息资源共享与知识产权保护的制度均衡"，《国外社会科学》，1998 年第 3 期。

97. 杨文祥："论信息文明与信息时代人的素质"，《河北大学学报》，2001 年第 9 期。

98. 丁言鸣："网络经济与哲学思辨"，《IT 新闻》，2001 年 6 月 6 日。

99. 邱均平、陈敬全："信息资源网络化对知识产权制度的影响"，《中国信息导报》，2001 年 8 月 2 日。

100. 施云："知识产权保护与信息产权"，《情报理论与实践》，1998 年第 3 期。

101. 杨瑞龙，朱春燕："网络与社会资本的经济学分析框架"，《学习与探索》，2002 年第 1 期。

102. 马克思，恩格斯：《马克思恩格斯全集》（第 3 卷），人民出版社 1960 年版。

103. ［美］埃瑟·戴森：《数字化时代的生活设计》，海南出版社 1998 年版。

104. 张震：《网络时代伦理》，四川人民出版社 2002 年版。

105. ［法］达尼埃尔·马丁，弗雷德里克—保罗·马丁：《网络犯罪》，卢建平译，中国大百科全书出版社 2002 年版。

106. 胡兴松：面对网络发展的哲学思考［EB/OL］，http://www.chinaethics. coma2005 - 10 - 26。

107. 任平：哲学研究：如何走向全球网络化时代［EB/OL］，http://www. chinaethics. com, 2005 - 10 - 28。

108. 庞跃辉："从哲学角度审视网络社会"，《唯实》，2001 年第 1 期。

109. 董燕青："论信息现象的哲学本质"，《新疆大学学报》，1998 年第 3 期。

110. 邓兆明："网络化的哲学意蕴",《岭南学刊》,2001 年第 2 期。

111. 郑少翀,陈凤："网络社会的哲学思考",《东南学术》,2001 年第 2 期。

112. 季国清："网络时代与网络世界的哲学人类学解读",《自然辩证法研究》,2001 年第 8 期。

113. 唐少杰："网络问题的哲学断想",《学海》,2000 年第 6 期。

114. 何明升："网络行为的哲学意义",《自然辩证法研究》,2000 年第 11 期。

115. 黄锫坚："网络与社会:学科交叉的新领域",《哲学动态》,2000 年第 5 期。

116. 王志华："网络与社会关系的若干探索",《系统辩证学学报》,2003 年第 3 期。

117. 张青兰,刘秦民:"虚拟现实:辩证唯物主义的新视野",《理论与改革》,2002 年第 5 期。

118. [美] 罗尔斯:《正义论》,中国社会科学出版社 1988 年版。

119. 袁道之,白莉:《网络席卷全球的风暴》,经济出版社 1997 年版。

120. [美] 戴维·奥斯本等:《改革政府——企业精神如何改革着公营部门》,上海译文出版社 1996 年版。

121. 吴永忠:《技术创新的信息过程论》,东北大学出版社 2002 年版。

122. 陈振明:《政策科学》,中国人民大学出版社,1998 年版。

123. 韩冀东,成栋:《电子商务概论》,中国人民大学出版社 2002 年版。

124. 蒋志培:《网络与电子商务法》,法律出版社 2001 年版。

125. 李贤民："美国政府的信息政策对其因特网发展的影响",《国外社会科学》,2000 年第 3 期。

126. 何培中："日本互联网的现状与发展",《国外社会科学》,1999 年第 1 期。

127. 刘振喜："新加坡的因特网管理",《国外社会科学》,1999年第 3 期。

128. 郑海燕："欧洲联盟电信政策的发展动向",《国外社会科学》,1998 年第 4 期。

129. 王燕霞,王梅："'网络文化帝国主义'浅议",《自然辩证法研究》,2000 年第 11 期。

130. 吴志坚,章铸："虚拟现实:网络时代的技术福音?",《自然辩证法研究》,2000 年第 4 期。

131. 陈向东："产业信息化战略的哲学思考",《自然辩证法研究》,2000 年第 1 期。

132. 张碧涌："'依法治网'与'以德治网'",《光明日报》,2001 年 5 月 23 日。

133. 陈凡,赵兴宏,王晓伟,毛牧然:《辽宁省社科基金重点课题"网络管理对策研究"课题研究报告》,2000 年。

134. 毛晶莹,刘震宇："麦特卡尔夫定律及其存在的问题",《厦门大学学报》(自然科学版),2003 年第 10 期。

135. 邢嘉,高福安："互联网带来的经济思考",《北京广播学院学报》(自然科学版),2003 年第 3 期。

136. 2000 年中国电信网业务量统计报告[EB/OL]. http://www.mii.gov.cn/mii/hyzw/tongji,2005 - 12 - 24。

137. 李耐和："解决电子垃圾,任重而道远"[EB/OL]. http://www.eepw.com.cn,2006 - 06 - 22。

138. 吴敬琏："应对信息化的挑战",《信息化工作参考》,2002 年第 2 期。

139. GB/T9387.2—1995,信息处理系统开放系统互连基本参考模型第 2 部分,安全体系结构,1995。

140. 蒋建春,马恒太,任党恩等:"网络安全入侵检测:研究综述",《软件学报》,2000 年 11 月第 11 期。

141. 李娜:"世界各国有关互联网信息安全的立法和管制",《世界电信》,2002 年第 6 期。

142. 江南："五小时还是太长"，《新闻·评论》，2005 年第 34 期。

143. 玩家五招对付"防沉迷"［EB/OL］. http://www. YNET. com. cn,2006 - 01 - 14。

144. 叶士舟："青少年网络游戏瘾症成因及对策"，《现代教育科学》，2004 年第 2 期。

145. 易涤非，王宇静："网络与信息安全立法刍议"，《世界电信》，2003 年第 5 期。

146. 王宇红："网络信息安全的立法评析与完善对策"，《情报杂志》，2003 年第 3 期。

147. 孙丕恕："信息安全立法刻不容缓"，《计算机安全报》，2004 年第 4 期。

148. 曲维枝："尽快制定网络信息安全法"，《计算机安全报》，2004 年第 4 期。

149. 张晨，马良："网络分级：必须还是多余?"，《中国媒体科技》，2004 年第 12 期。

150. 陈亚南："网游，天使与野兽的终级 PK?"，《特别关注》，2005 年第 10 期。

151. 郑褚："关于网游的'猫捉老鼠之战'"，《中国新闻周刊》，2005 年 11 月 21 日。

152. 对传统伦理的冲击：信息技术与人类社会的未来［EB/OL］，http://www. bentium. net,2005 - 10 - 4。

153. 陆俊：《重建巴比塔——文化视野中的网络》，北京出版社 1999 年版。

154. 毛勤勇："网络伦理不能独立于社会伦理"，《人文杂志》，2001 年第 6 期。

155. 刘权德：《西方法律思想史》，中国政法大学出版社 1996 年版。

156. 吕耀怀：《信息伦理学》，中南大学出版社 2002 年版。

157. 王正平："西方计算机伦理学研究概述"，《自然辩证法研究》，2000 年第 10 期。

158. 马克思，恩格斯：《马克思恩格斯选集》第 1 卷，人民出版社 1963 年版。

159. 马克思，恩格斯：《马克思恩格斯选集》第 8 卷，人民出版社 1963 年版。

160. ［法］孟德斯鸠：《论法的精神》，商务印书馆 1961 年版。

161. ［德］康德：《纯粹理性批判》，商务印书馆 1961 年版。

162. 何怀宏："一种普遍主义的底线伦理学"，《读书》，1997 年第 4 期。

163. 万俊人：《现代西方伦理学史（上卷）》，北京大学出版社 1990 年版。

164. 万俊人：《现代西方伦理学史（下卷）》，北京大学出版社 1992 年版。

165. 罗国杰等：《伦理学教程》，中国人民大学出版社 1985 年版。

166. 王正平，周中之：《现代伦理学》，中国社会科学出版社 2001 年版。

167. 王纪平，李大军：《电子商务法律法规》，清华大学出版社 2002 年版。

168. 李德成：《网络隐私权保护初探》，中国方正出版社 2001 年版。

169. 王云斌：《互联法网—中国网络法律问题》，经济管理出版社 2001 年版。

170. 吴弘：《计算机信息网络法律问题研究》，立信会计出版社 2001 年版。

171. 尹长青："传统伦理哲学与网络社会建设"，《湖湘论坛》，2000 年第 3 期。

172. 黄元庚，陈明钦：加强网络文明建设初探［EB/OL］，http://www.chinaethics.com，2005－11－4。

173. 张振杰：加强网络管理营造健康网络环境［EB/OL］，http://www.chinaethics.com，2005－11－4。

174. 杨雷：高校网络伦理教育初探［EB/OL］，http://www. chinaethics. com，2005 - 11 - 5。

175. 周西平："计算机与网络环境下的传播伦理研究"，《图书馆学研究》，2000 年第 4 期。

176. 黛淑芳："网络负面问题及伦理思考"，《湘潭大学社会科学学报》，2001 年第 12 期。

177. 韩玉德："网络经济的伦理思考"，《鄂州大学学报》，2001 年第 3 期。

178. 高文泊："论网络伦理"，《辽宁工学院学报》（社科版），2003 年第 2 期。

179. 王想平："论网络道德的基本规范的建构及其发展前景"，《北京交通大学学报》（社科版），2002 年第 2 期。

作者的论著

1. 赵兴宏，毛牧然：《网络法律与伦理问题研究》，东北大学出版社 2003 年版。

2. 毛牧然，陈凡："哲学视角中的虚拟现实"，《自然辩证法研究》，2003 年第 10 期。

3. 毛牧然，陈凡："技术异化析解"，《科技进步与对策》，2006 年第 2 期。

4. 毛牧然等："论网络作品著作权的综合保护"，《科技管理研究》，2006 年第 6 期。

5. 毛牧然等："对格雷厄姆网络信息管理理论的述评"，《东北大学学报》（文科版），2003 年第 4 期。

6. 毛牧然，陈凡："论依法治网与以德治网的辩证关系"，《东北大学学报》（文科版），2004 年第 1 期。

7. 毛牧然，陈凡："虚拟现实（VR）的哲学意蕴"，郭贵春等主编：《多维视角中的技术（论文集）》，东北大学出版社 2003 年版。

8. 毛牧然等："论数据库的法律保护"，《武汉大学学报》（社科版），2001 年第 6 期。

9. 毛牧然等："论对网络服务提供者的行政管理及版权保护"，《东北大学学报》（文科版），2002 年第 2 期。

10. 毛牧然等："论域名侵权纠纷的预防措施与解决途径"，《东北大学学报》（文科版），2007 年第 1 期。

外文部分

1. Jaques Ellul. *The Technological Order. edited by C. Mitcham*, *Philosophy and Technology*. The Free press, 1983.

2. George F. McLean(General Edited). *Cultural Heritage and Contemporary Change. series* Ⅲ, *Asia*, *Volume*11〔EB/OL〕, http://konigor. hypermart. net/english/igor_kon001. html.

3. Eliseo Fernandez. Information and Ersatz Reality：*Comments on Albert Borgmann's Holding on To Reality*. Techne6：1 fall 2002.

4. Phil Mullins. Introduction：*Getting a Grip on Holding on to Reality*. Techne6：1 fall 2002.

5. Luciano Floridi. *Philosophy and Computing*. London：Routledge, 1999.

6. Gordon Graham. Implications of the Internet：*a Preliminary Survey*. Ends and Means, Autumn 1996, 1(1).

7. Mile Kelly. *The Technology of Uselessness*〔EB/OL〕, http：//www. Pd. Org/ topos/ perforations/ perf6/ useless. Tech. Html, 2004 - 11 - 04.

8. Feenberg A. *Critical Theory of Technology*, New York, Oxford：Oxford University Press. 1991.

9. Lorenzo Simpson. *Conversations with Technology, Modernity, and Postmodernity：Some Critical Reflections*〔EB/OL〕, http：//www. gseis. Ucla. edu/ research/ kellner/ perf6/ sim. Html, 2004 - 11 - 06.

10. Campion M. G. *Technophilia and Technophobia*〔EB/OL〕, http：// cleo. murdoch. edu. au/ aset/ ajet/ ajet5/ wi89p23. html, 2004 - 12 - 09.

11. Ellul J：*Technology Society*, *Trans*, *John Wilkinson*. New York：Al-

fred A. Knopf. 1964.

12. Winner L. *Autonomous Technology*. Cambridge, Mass: MIT Press, 1977.

13. Heidegger M. *Question Concerning Technology*. trans. w. Lovitt. New York: Harper and Row, 1997.

14. Smits, R., Leyten J., *Den Hertog. Technology assessment and technology policy in Europe: new concepts, new goals, new infrastructures*. Policy Science, 1995.

15. Martin Peterson. *New Technologies and the Ethics of Extreme Risks*. Ends and Means, Autumn 2001, 5(2).

16. Paul Tomassi. *Philosophy of Science and Philosophy of Technology*. Ends and Means, Autumn 1996, 1(1).

17. Graham G. The Internet: *A Philosophical Inquiry*. London: Routledge, 1999.

18. Choucri, Nazil. Introduction: *Cyber politics in the International Relations*. International Political Science Review, 2000, 21(3).

19. Albert Borgmann. *Holding on To Reality*. University of Chicago Press, 2001.

20. Graham Houston. Virtual Morality: *Christian Ethics in the Computer Age*[M]. Leicester: Apollo's, 1998.

21. *Gordon Graham on Internet and democracy* [EB/OL]. http://www. abdn. ac. uk/philosophy/ staff/graham. html, 2005 - 11 - 06.

22. Roderick Nicholls. *Living in a virtual world*. Techne, Spring 2003, 6(3).

23. Gordon Graham. *E - commerce and the Problem of Projection*. Ends and Means, Autumn 2000, 4(3).

24. David Archard: *A Brave New Virtual World?*. Ends and Means, Autumn 2000, 4(3).

25. Leigh Clayton. *Are There Virtual Communities?*. Ends and Means, Autumn 1997, 2(1).

26. Johathan Friday. *Digital Imaging*, *Photographic Representation and Aesthetics*. Ends and Means, Spring 1997, 1(2).

27. Habermas J. *Knowledge and Human Interests*. Stone: Beacon Press, 1972.

28. Max Horkheimer. *Critique of Instrumental Reason*. New York: The Seabury Press, 1974.

29. Ermann, David M. *Computer*, *Ethics*, *and Society*. New York: Oxford University Press, 1990.

30. Brain T. Prosser and Andrew Ward. *Kierkegaard's "Mystery of Unrighteousness" In the Information Age*. Ends and Means, Autumn 2001, 5(2).

31. Neb Kujundzic. *Virtual Reality and Metastable Interactivity*. Ends and Means, Spring 2001, 5(1).

32. Matthew Elton. I can't Believe It' not Real: *Some Reflections on Virtual Reality*. Ends and Means, Autumn 1998, 3(1).

33. Ian J Slater. Setting for Less: *Explanation and the Philosophy of Technology*. Ends and Means, Autumn 1998, 3(1).

34. A. E. White: *W(h)ither the State? In the Internet Age*. Techne, Spring 2003, 6(3).

35. Andrew Light. *Technology*, *Democracy and Environmentalism – on Feenberg' Questioning Technology*. Ends and Means, Spring 2001, 4(2).

36. Jonathan Friday. *Who' Afraid of an On – line Society*. Ends and Means, Spring 1999, 3(2).

37. Gordon Graham. *Anarchy and the Internet*. Ends and Means, Spring 1997, 1(2).

38. Riggins F J, Charles H Kriebel, Mukhopadhyay T. *The growth inter-organizational systems in the presence of network externalities*. Management Science, 1994, 40(8).

39. Garfinkel S, Spafford G. Practical Unix Security. Sebastopol: O' Railly & Associates Inc, 1991.

40. Denning D E. Cryptography and data security. New York: Addison – Wesley Publishing Company, 1982.

41. Neuman B C, Ts'o T. Kerberos. *An Authentication Service for Computer Networks.* IEEE Communications, 1994, 32(9).

42. CCITT(Consultative Committee on International Telegraphy and Telephony). Recommendation X. 509: The Directory – Authentication Framework. 1988.

43. Younglove, R. Virtual private networks – how they work. Computing and Control Engineering Journal, 2000, 11(6).

44. Denning D E. An intrusion – detection model. IEEE Transactions on Software Engineering, 1987, 13(2).

45. Dutertre B, Sa di H, Stavridou V. Intrusion – Tolerant Group Management in Enclaves. International Conference on Dependable Systems and Networks (DSN'01). Washington, DC: IEEE Computer Society Press, 2001.

46. Johnson Deborah G. Computer Ethics. 2d Ed. Englewood Cliffs, NJ: Prentic Hall,1994.

47. Wecket,John, Douglas Adeney. *Computer And Information Ethics.* Greenwood Press, 1997.

48. Moore, James H. What is computer ethics?. Metaphilosophy, 1985 (16).

49. Gordon Graham, *Is there an ethics of computing?* [EB/OL]. http://www. abdn. ac. uk/ philosophy/staff/ graham. html, 2005 – 11 – 07.

50. James Sauer. *Mapping the Moral Landscape of Computer Mediated Technologies.* Techne, Spring 2003, 6(3).

51. Eric Matthews. *Codes of Ethics: Who needs them?.* Ends and Means, Autumn 1999, 4(1).

52. Eric Matthews. *Is Moral Philosophy Any Use?.* Ends and Means, Autumn 1997,2(1).